基于深度学习的水下信息处理方法研究

王兴梅 著

北京航空航天大学出版社

内容简介

站在新时代的新起点上，我国对海洋的关心、海洋的认知和海洋的经略越来越重视。不断探索海洋、开发海洋资源、发展海洋科学技术，是世界主要大国竞相发展的重要方向，在军事和民用领域具有非常重要的意义和价值，并一定程度上影响着国家的兴衰。水下信息处理方法作为海洋科学技术发展的一个重要方向，是本书介绍的重点。

本书以深度学习相关理论为主要研究方法，通过对声呐获取的水下声信号信息数据和水下声呐成像的图像信息数据进行处理，探讨了基于堆叠式卷积稀疏降噪自编码器的水下异构信息数据降噪方法、基于多维特征的深度学习水下声信号目标分类识别方法、基于CWGAN-GP&DR的改进CNN水下声呐图像分类方法和基于类意识领域自适应的水下声呐图像无监督分类方法，为充分利用海洋信息数据提供了重要的理论研究基础和技术实践经验。

本书内容翔实，自成一体，可作为计算机科学与技术、水声工程、智能科学与工程等领域研究的重要参考书，也可作为相关科学领域的研究参考。

图书在版编目(CIP)数据

基于深度学习的水下信息处理方法研究 / 王兴梅著. -- 北京 : 北京航空航天大学出版社, 2021.3

ISBN 978-7-5124-3476-9

Ⅰ. ①基… Ⅱ. ①王… Ⅲ. ①海洋—水下通信—研究 Ⅳ. ①TN929.3

中国版本图书馆CIP数据核字(2021)第049626号

基于深度学习的水下信息处理方法研究

王兴梅 著

策划编辑 龚 雪 责任编辑 蔡 喆

*

北京航空航天大学出版社出版发行

北京市海淀区学院路37号(邮编100191) http://www.buaapress.com.cn

发行部电话:(010)82317024 传真:(010)82328026

读者信箱: goodtextbook@126.com 邮购电话:(010)82316936

北京建宏印刷有限公司印装 各地书店经销

*

开本:710×1 000 1/16 印张:10.5 字数:224千字

2021年4月第1版 2023年7月第2次印刷

ISBN 978-7-5124-3476-9 定价:39.00元

前　言

加快发展海洋信息技术，实施智慧海洋工程，努力成为世界主要海洋科学中心和创新高地，是国家建设海洋强国的必经之路。水下信息数据的处理是海洋信息技术研究的关键环节，也是研究最为重要和核心的研究方向之一，其应用领域涉及深海隐蔽探测、战场情报收集、水下监视侦察、海洋环境监测、海洋资源开发、搜索与打捞、水下管道铺设与维修等方面，为海洋资源的开发与利用、海洋国防的建设与发展提供了坚实的技术支撑。

随着深度学习方法在理论研究和实际应用上取得的一系列突破性进展，特别是其在处理大数据集上表现出的优异性能，符合海洋信息处理技术发展的方向和趋势。因此，本书主要利用深度学习理论和方法，对声呐获取的水下声信号信息数据和水下声呐成像的图像信息数据进行处理。

全书包括 5 章内容：

第 1 章在分析水下信息处理方法的意义和价值之后，详细说明了目前的国内外研究现状及发展动态，包括水下信息降噪技术、水下目标分类识别技术、基于深度学习的降噪技术和基于深度学习的目标分类识别技术。

第 2 章在详细阐述水下信息数据的加性噪声和乘性噪声的基础上，模拟水下异构信息数据集，并分析稀疏降噪自编码器、堆叠式稀疏降噪自编码器以及卷积神经网络，构建了堆叠式卷积稀疏降噪自编码器模型，并完成了水下异构信息数据盲去噪。

第 3 章详细叙述 Gammatone 频率倒谱系数算法和改进的经验模态分解算法，并构建了水下声信号目标多维特征向量。在此基础上，还分析研究了高斯混合模型和深度神经网络，提出了多维特征的深度学习水下声信号目标识别方法。

第 4 章详细分析研究生成对抗网络模型中的基于梯度惩罚 Wasserstein 生成对抗网络模型和基于条件生成对抗网络模型，以及卷积神经网络和支持向量机算法，构建了 CWGAN－GP&DR 网络模型，并采用卷积神经网络结合支持向量机算法的方法改进了卷积神经网络，提出了基于 CWGAN－GP&DR 的改进 CNN 水下声呐图像分类方法。

第 5 章详细叙述无监督领域自适应，并采用深度卷积生成对抗网络和基于条件生成对抗网络两种生成对抗网络模型共同生成图像，构建数据集。在此基础上，还深入研究了基于残差网络的迁移学习无监督分类方法和基于深度聚类网络的无监督分类方法，结合对抗自编码器，提出了基于类意识领域自适应的水下声呐图像无监督分类方法。

本书由哈尔滨工程大学王兴梅著。同时，参与本书工作的人员还有徐义超、赵一旭、孙卫琦、刘安华、孙博轩、王坤华、柳恩涵、战歌、郭文杰、李小晴，在这里对他们辛苦的工作表示衷心的感谢。该书获得国家自然科学基金项目（41876110）资助。

水下信息处理方法的研究还处于不断完善和发展的过程中，因本人能力和水平有限，书中存在的错误和疏漏之处，希望各位专家、读者能毫无保留地提出以进一步提升本书质量。

著　者

2020 年 11 月 30 日

目　录

第1章 绪 论

1.1 水下信息处理方法的意义和价值

21世纪是海洋的世纪，提高海洋科学认知能力，发展海洋高新技术，已成为世界各国维护国家海洋权益和国土安全极其重要的战略目标，更是关乎人类未来生存空间、实现全球可持续发展的必然战略选择。党的十八大以来，国家越来越重视海洋强国战略的实施，发展海洋领域科技创新的紧迫性和重要性日益凸显。实施海洋强国战略的重点在于在“深水、绿色、安全”海洋高技术领域取得突破，在信息化、数字化、智能化的智慧海洋工程中取得新作为、获得新进展。因此，无论是海洋资源开发，抑或是涉及国家安全的各种监控和观察活动，海洋对于人类都是一个不容忽视的重要领域，其拥有的战略地位越来越重要[1]。

开发海洋资源，发展海洋高新技术，需要获取大范围、精确的海洋环境数据。目前，声波是唯一能进行水下远程探测、通信的手段，是海洋中能够实现信息传输的最有效载体[2]。而声呐是以声波作为信息载体的探测设备，通过声呐获取的水下信息数据可分为水下声信号信息数据和水下声呐成像的图像信息数据。在军事领域，水下声信号信息数据处理能准确、及时、隐蔽地检测出水中目标，为各个系统和指挥部门提供准确的信息，对协同作战和抢占作战先机意义重大；在民用领域，水下声信号信息数据处理技术能用于监测海上交通情况，进行海上交通管理，同时能得到海洋生物类别及生活习性等相关信息，对海洋生物保护也有非常重要的意义。水下声呐成像具有探测距离远、穿透能力强等优点，它以图像的形式反映目标信息，较水下声信号信息数据来说更为直观，水下声呐成像的图像信息数据处理具有广泛的应用场景。在军事上，可以用于潜艇导航，达到对水雷进行识别和搜索敌方舰船等军事目的；在商业和民用领域，可以用于海底资源的开发，石油探测以及水下搜救等众多方面[3]。

由于水下环境复杂、采集设备来源多、测量尺度不同等因素的影响，获取的水下信息数据不仅包含大量的噪声，还蕴含着复杂的关联关系。针对这些问题，即使目前比较先进的水下信息数据的处理技术也存在着降噪技术无法很好地平衡去除噪声和保留有效细节信息关系的问题；在解决数据分布不均衡、挖掘出信息数据之间的关联关系以及进行充分的知识融合方面，仍然存在分类识别准确率低、模型适应度差等问题；目标状态判断需要人为干预等问题的影响，应用前景受到限制。

深度学习是人工智能领域最具潜力的发展方向之一，能够很好地解决数据分布不均衡、全局信息有效融合难的问题[4,5]，建立的各种水下信息处理模型具有适应度高、稳定性强的特点，其强大的知识学习和归纳推理能力，能增强水下信息数据处理对深度学习模型的信赖程度，强化水下信息处理技术的可靠性。因此，利用深度学习理论和方法对水下信息数据处理技术的研究，代表着水下信息数据处理技术新的发展趋势。基于深度学习的水下信息处理方法研究极具探索性和实际意义，将为水下信息处理提供新的方向和方法参考。

1.2 国内外研究现状及发展动态

根据本书水下信息处理方法涉及的技术和理论方法问题，从水下信息处理技术和深度学习在信息处理技术中的应用两个方面来介绍国内外研究现状及发展动态。

1.2.1 水下信息处理技术

水下信息处理技术主要包括降噪技术、分类识别、目标状态判断等。由于本书主要研究降噪技术和分类识别，故本节着重对这两部分进行介绍。

(1) 降噪技术

水下信息数据的噪声可分成加性噪声和乘性噪声两种。加性噪声主要来源于海洋环境中各类随机噪声，主要以加性高斯白噪声为主，在水下声信号信息数据中影响明显[6,7]。乘性噪声主要是由于水下声呐成像机理使得图像信息数据产生明暗相间的斑点，故常被称为乘性散斑噪声[8]。

目前，对于水下声信号信息数据的降噪方法研究较少。传统的方法是将均方误差（The Mean Square Error，MSE）最小化，如最小均方（The Least Mean Square，LMS）自适应滤波器[9]，但它不能保证去噪结果总是平滑的。在此基础上，Zhang Youwen 等[10]提出一种自适应 LMS 算法来增强水下声信号的通信能力，此方法具有良好的收敛速度和降噪效果。近几十年来，小波阈值法被认为是最有效的降噪方法之一，K. Mathan Raj[11]等提出一种新的小波去噪方法，这种方法能降低水下声信号中环境噪声的含量，提高信噪比。针对水下声呐图像信息数据的乘性散斑噪声，传统的去噪方法是 Lee 滤波算法，它利用图像的局部统计特征进行过滤处理[12]。然而，Lee 滤波算法在提高散斑抑制能力与保留细节信息之间存在矛盾。其他去噪方法也相继出现，Cui Jie 等[13]和 Atallah Louis 等[14]分别采用中值滤波和维纳滤波对水下图像进行去噪，都取得了较好的视觉平滑效果，但图像失去了更多的边缘信息。近年来，KSVD 算法（The K-singular Value Decomposition Algorithm，KSVD）也能较好地去除水下散斑噪声[15,16]。另外，随着智能优化算法的发展，Wang Xingmei 等[17]提出一种基于黄金分割率的自适应过滤度参数选择的非局部空间信息平滑去噪处理方法，能有效去除相对较大和较小的过滤度参数，提高去噪效果。

传统的水下信息数据降噪方法虽然能完成水下信息数据的降噪，但存在着在去除噪声和保留更多边缘特征上保持平衡的两难问题。同时，由于需要大量的迭代运算，处理时间较长、效率较低。对于水下信息数据，稳定良好的降噪方法是高精度分类识别的前提。因此，解决水下信息数据去除噪声的同时保持较好的有效信息，是水下信息处理技术需要首先解决的技术问题。

(2) 分类识别

目前国内外研究学者已经提出了多种水下目标分类识别方法，包括神经网络、高斯混合模型（Gaussian Mixture Model，GMM）以及支持向量机

(Support Vector Machine, SVM)等方法。针对水下声信号信息数据的分类识别,Yang Honghui 等[18]提出一种特征融合、特征选择和 SVM 的集成识别系统,得到了很好的识别效果。此外,在 2018 年,Wang Qiang 等[19]提出将深度玻尔兹曼机与基于 Dirichlet 过程的 GMM 系统结合在一起,从而解决高斯分布不均衡的问题,该方法可以有效地提高 GMM 的有效性和鲁棒性。针对水下声呐图像信息数据的分类识别,Zhou Jianghao[20]等提出将梅尔频率倒谱系数视为数字图像来进行水下声呐图像的特征提取,并使用贝叶斯和马尔科夫链作为分类器完成分类。Christopher Barn-grover 等[21]提出建立水下侧扫声呐图像信号的 SVM 算法分类器,实现对类似水雷目标的有效分类识别;熊明宽等[22]提出用遗传算法来优化小波神经网络的初始值,解决小波神经网络易陷入局部最优的缺陷,得到的分类识别精度高于使用原始小波神经网络的分类识别精度,可以有效地用于水下目标分类识别;Chabane Ahmed Nait 等[23]提出利用竞争神经网络完成无监督知识发现的侧扫声呐海床图像类型分类;Zhu Mingcui 等[24]提出了一种结合基于核函数的极限学习机和主成分分析(Principal Component Analysis, PCA)原理的新分类识别方法用于水下目标分类,该方法稳定性较好,分类正确率较高。Kumar Naveen[25]等提出利用基于均值漂移聚类的分割方法提取出高亮区和阴影区,并进行可靠性感知融合,实现水下声呐图像分类,提升最终分类精度。在 2018 年,Anitha U[26]等提出将基于神经网络的变化检测及神经模糊推理系统用于声呐图像分类,这种方法较前馈网络方法和模式识别网络监测方法的准确率有所提高,同时有效应对了声呐图像的复杂性。

随着海洋装备的发展,获取的数据达到了大数据规模,上述传统的分类识别方法对在大数据背景下进行水下目标分类识别的效果不理想,存在着利用全局信息特征开展水下目标识别不充分、大量组织结构良好的信息被遗漏等问题,影响了水下目标分类识别的速度和精度。

1.2.2 深度学习在信息处理技术中的应用

深度学习是机器学习领域的一个延伸,可以模仿人脑结构或者感官特点进行知识学习,通过其多层次的网络结构,将数据的特征层层提取,形成多个层次的特征，以非线性变换的方式来适应多源信息数据[27]。深度学习研究受到了国内外研究学者的高度关注，涉及医药、生物、教育等诸多领域，在解决降噪、特征提取、知识迁移、分类识别等技术问题上表现较好，已经实现了一些技术突破。其中，降噪和分类识别是最常用的技术，也是本书的研究重点，为便于读者更好地理解和学习，下面分别对降噪技术和分类识别进行重点介绍。

(1) 降噪技术

深度学习模型较传统降噪方法，具有处理时间短、稳定性强的特点，是一种去除复杂噪声较好的解决方法。国内外学者对深度学习在降噪领域的应用进行了深入的分析研究。Osako Keiichi 等[28]提出将噪声估计和降噪过程组合在一个网络中，通过控制全连接层的输出向量值来交替进行估计噪声、提取纯净语音特征和噪声过滤过程，以达到较好的语音去噪效果。Zhang Kai 等[29]提出采用残差学习策略预测含噪图像和潜在纯净图像之间的差异，以达到在未知噪声强度的情况下盲高斯去噪的目的。Fan Zunlin 等[30]利用堆叠式稀疏降噪自编码器学习图像的底层结构特征，以改进保边滤波器，使降噪结果不再存在边缘模糊、过增强等缺点。Lai Yinghui 等[31]提出利用深度降噪自编码器模型对纯净语音进行精确建模和训练，将含噪语音转换为纯净语音，同时使模型明确地学习纯净语音和含噪语音之间的统计差异，实验证明该方法能有效地提高人工耳蜗语音清晰度。Sun Xin 等[32]提出采用卷积层作为编码器对噪声进行滤波，反卷积层作为解码器对缺失的细节进行恢复，并逐像素细化图像，同时引入跳跃连接，以避免在加速训练过程中丢失底层特征，通过对不同的数据集进行比较实验，验证了该方法在水下图像去噪和色彩增强等方面具有较好的效果。

水下信息数据来源多样，种类繁多，数据格式多种多样，对水下信息数据按数据格式进行非统一的降噪处理，存在处理效率低、分类管理复杂的缺点，因此提出一种水下异构信息数据的降噪处理方法是必要的。本书以自编码网络为切入点，结合水下信息数据的特点，利用堆叠式卷积稀疏降噪自编码器模型完成水下异构信息数据的盲去噪任务。

(2) 分类识别

近年来,深度学习受到了分类识别领域学者的广泛关注,因其具有深层模型的特点,可以提取信息数据的深层信息,并且具有可以处理大型数据集的能力而备受青睐。因此,可以选择或设计不同网络结构进行分类识别。Zu Chen 等[33]提出基于标签对齐的多任务特征选择方法,融合多种神经影像数据信息,保证关键特征被共同选择,提高了分类的准确率。Luo Ren C 等[34]分别使用卷积自编码器网络和基于长短时记忆的分类网络对人类情感状态进行感知,与传统的分类方法相比显著提高了感知的准确性。Nie Feiping 等[35]提出聚类、半聚类和局部学习的多视角学习模型,并进行自动权重分配,实现了较高的识别率。在水下声信号信息数据的分类识别领域,王强等[36]将深度学习方法应用在水下目标识别上,验证了深度信念网络(Deep Belief Network, DBN)的识别正确率高于 SVM 等传统的分类识别方法。Xu Cao 等[37]提出一种新颖的深度学习框架,可以适用于水下目标分类识别。Yang Honghui 等[38]提出一种 DBN 学习方法,完成小样本的水下目标分类识别。Shen Sheng 等[39]提出一种压缩的深度竞争网络来提取船舶辐射噪声的特征,通过网络修剪去掉大量水下声信号的冗余信息,从而压缩网络,提高网络的抗噪能力,进而提高分类识别精度。Ibrahim Ali K. 等[40] 提出利用深度神经网络(Deep Neural Network, DNN),通过声音识别石斑鱼的物种,进行水下声信号目标识别,实验结果发现 DNN 的效果明显优于其他方法,具有良好的识别能力,可以极大地提高识别精度,并且具有强大的鲁棒性,在噪声条件下识别水下声信号,其识别结果也进一步证明 DNN 相比于 GMM 等方法具有更好的学习能力。在水下声呐图像信息数据的分类识别领域,Williams David P 等[41,42]提出将深度学习中的卷积神经网络(Convolutional Neural Networks Layer, CNN)用于实验室采集的水下声呐图像分类中,取得了一定成效。Wang Xingmei[43]等通过结合深度学习,利用 CNN 提取水下声呐图像特征,并且提出了自适应权重法加快收敛和提高识别精度,取得了良好的分类精度。可见,深度学习在处理大数据集方面具有较高适应能力和分类识别效果,这为水下目标分类识别技术发展提供了新的研究方向和思路。本书对基于深度学习的水下信息数据的分类识别方法进行了深入的研究分析。

根据水下声信号信息数据的特点,利用多维特征的深度学习水下声信号目标分类识别方法完成了水下声信号的目标分类识别任务。根据水下声呐图像信息数据的特点,利用基于 CWGAN-GP&DR 的改进 CNN 方法完成了水下声呐图像分类。在此基础上,根据水下声呐图像分类方法需要满足无监督分类的条件和适应数据不均衡的情况,利用基于类意识领域自适应的无监督分类方法完成了水下声呐图像分类。

本章小结

本章首先阐述了开发海洋资源、发展海洋高新技术的必要性和重要性,重点突出水下信息处理方法在海洋开发和国家安全等方面的重要意义和价值。然后分别分析了水下信息处理技术和深度学习在信息处理技术的降噪和分类识别方面的国内外研究现状及发展动态。

参考文献

[1] Wang X M, Guo L X, Yin J W, et al. Narrowband Chan-Vese model of sonar image segmentation: a adaptive ladder initialization approach[J]. Applied Acoustics, 2016, 113:238-254.

[2] 曾向阳. 智能水中目标识别[M]. 北京:国防工业出版社,2016.

[3] 孟庆昕. 海上目标被动识别方法研究[D]. 哈尔滨:哈尔滨工程大学,2016.

[4] Yu K, Jia L, Chen Y Q, et al. Deep learning: yesterday, today, and tomorrow[J]. Computer Research and Development, 2013, 50(9): 1799-1804.

[5] Garcia C E, Carlos E, Galván-Tejada, et al. Multi-view stacking for activity recognition with sound and accelerometer data[J]. Information Fusion, 2018, 40: 45-56.

[6] Chen D S, Chu X M, Ma F, et al. A variational approach for adaptive underwater sonar image denoising: International Conference on

Transportation Information and Safety (ICTIS)[C]. Alberta: IEEE, 2017.

[7] Buckingham M J. Theory of acoustic imaging in the ocean with ambient noise[J]. Journal of Computational Acoustics, 1993, 1(01): 117-140.

[8] Makris N C, Ingenito F, Kuperman W A. Detection of a submerged object insonified by surface noise in an ocean waveguide[J]. The Journal of the Acoustical Society of America, 1994, 96(3): 1703-1724.

[9] Wang J, Fang D, Huang H N, et al. Two new weight initialization strategies of LMS adaptive linear equalizer in underwater acoustic communication[C]// The Second WRI Global Congress on Intelligent Systems. Wuhan: IEEE, 2010, 2: 303-307.

[10] Zhang Y W, Xiao S, Liu L, et al. l0-norm penalized shrinkage LMS algorithm based DFE for underwater acoustic communication [C]// 2016 IEEE/OES China Ocean Acoustics (COA). Harbin: IEEE, 2016: 1-5.

[11] Raj K M, Murugan S S, Natarajan V, et al. Denoising algorithm using wavelet for underwater signal affected by wind driven ambient noise[C]// International Conference on Recent Trends in Information Technology (ICRTIT). Chennai:IEEE, 2011: 943-946.

[12] A S B, B R R, B S N S, et al. Noise induced feature enhancement and object segmentation of forward looking SONAR image[J], Procedia Technology, 2014, 14:125-132.

[13] Cui J, Hu C Q, Xu H D. Adaptive median filtering for forward-looking sonar image registration[C]// INTER-NOISE and NOISE-CON Congress and Conference Proceedings. Hong Kong: Institute of Noise Control Engineering, 2017: 2534-2540.

[14] Atallah L, Shang C J, Bates R. Object detection at different resolu-

tion in archaeological side-scan sonar images[C]// Europe Oceans 2005. Brest: IEEE, 1: 287-292.

[15] Zhang Y S, Ji K F, Deng Z P, et al. Clustering-based SAR image denoising by sparse representation with KSVD[C]// 2016 IEEE International Geoscience and Remote Sensing Symposium (IGARSS). Beijing:IEEE, 2016: 5003-5006.

[16] Wu D, Du X, Wang K Y. An effective approach for underwater sonar image denoising based on sparse representation[C]// 2018 IEEE 3rd International Conference on Image, Vision and Computing (ICIVC). Chongqing:IEEE, 2018: 389-393.

[17] Wang X M, Li Q M, Yin J W, et al. An adaptive denoising and detection approach for underwater sonar image[J]. Remote Sensing, 2019, 396(11): 1-22.

[18] Yang H H, Gan A Q, Chen H L, et al. Underwater acoustic target recognition using SVM ensemble via weighted sample and feature selection[C]// International Bhurban Conference on Applied Sciences and Technology. Islamabad:IEEE, 2016:522-527.

[19] Wang Q, Wang L, Zeng X Y, et al. An improved deep clustering model for underwater acoustical targets[J]. Neural Processing Letters, 2018, 48 (3):1633-1644.

[20] Zhuo J H, Xu K, Wan J W. Target classification for passive sonar based on Mel cepstrum and image texture[C]// IEEE International Conference on Signal Processing. Chengdu: IEEE, 2016: 1682-1686.

[21] Barngrover C, Althoff A, DeGuzman P, et al. A brain-computer interface (BCI) for the detection of mine-like objects in sidescan sonar imagery[J]. IEEE Journal of Oceanic Engineering, 2016, 41 (1):124-139.

[22] 熊明宽,吴自银,李守军,等. 基于遗传小波神经网络的海底声学底质

识别分类[J]. 海洋学报，2014，36(5):90-97.

[23] Chabane A N，Zerr B. Unsupervised knowledge discovery of seabed types using competitive neural network：application to side-scan sonar images[C]// Oceans. St. John's:IEEE，2014:1-5.

[24] Zhu M C，Song Y，Guo J. PCA and kernel-based extreme learning machine for side-scan sonar image classification[C]// 2017 IEEE OS International Symposium on Underwater Technology. Busan：IEEE，2017:1-4.

[25] Kumar N，Mitra U，Narayanan S S. Robust object classification in underwater sidescan sonar images by using reliability-aware fusion of shadow features[J]. IEEE Journal of Oceanic Engineering，2014，40(3)：592-606.

[26] Anitha U，Malarkkan S. Underwater object identification and recognition with sonar images using soft computing techniques[J]. Indian Journal of Geo-Marine Sciences，2018(47)：665-673.

[27] Schmidhuber，Jürgen. Deep learning in neural networks：an overview[J]. Neural Networks，2015，61:85-117.

[28] Osako K，Singh R，Raj B. Complex recurrent neural networks for denoising speech signals[C]// 2015 IEEE workshop on applications of signal processing to audio and acoustics（WASPAA）. New Paltz:IEEE 2015：1-5.

[29] Zhang K，Zuo W M，Chen Y J，et al. Beyond a gaussian denoiser：residual learning of deep cnn for image denoising[J]. IEEE Transactions on Image Processing. 2017，26(7)：3142-3155.

[30] Fan Z L，Bi D Y，He L Y，et al. Low-level structure feature extraction for image processing via stacked sparse denoising autoencoder[J]. Neurocomputing，2017，243：12-20.

[31] Lai Y H，Chen F，Wang S S，et al. A deep denoising autoencoder approach to improving the intelligibility of vocoded speech in co-

chlear implant simulation[J]. IEEE Transactions on Biomedical Engineering, 2016, 64(7): 1568-1578.

[32] Sun X, Liu L P, Li Q, et al, Deep pixel-to-pixel network for underwater image enhancement and restoration[J]. IET Image Processing, 2018, 13(3): 469-474.

[33] Zu C, Jie B, Chen S C, et al. Label-alignment-based multi-task feature selection for multimodal classification of brain disease[C]// Machine Learning and Interpretation in Neuroimaging. Montreal: Springer International Publishing, 2016: 51-59.

[34] Luo R C, Hsieh C K. Robotic sensory perception on human mentation for offering proper services[C]// 2017 IEEE International Conference on Multisensor Fusion and Integration for Intelligent Systems. Daegu:IEEE, 2017:524-529.

[35] Nie F P, Cai G H, Li J, et al. Auto-weighted multi-view learning for Image clustering and semi-supervised classification[J]. IEEE Transactions on Image Processing, 2018, 27(3): 1501-1511.

[36] 王强,曾向阳. 深度学习方法及其在水下目标识别中的应用[J]. 声学技术, 2015, 34(2):138-140.

[37] Xu C, Zhang X M, Yang Y, et al. Deep learning-based recognition of underwater target[C]// IEEE International Conference on Digital Signal Processing. Beijing:IEEE, 2017:89-93.

[38] Yang H H, Shen S, Yao X H, et al. Competitive deep-delief networks for underwater acoustic target recognition[J]. Sensors, 2018, 18(4):1-13.

[39] Shen S, Yang H H, Sheng M P. Compression of a deep competitive network based on mutual information for underwater acoustic targets recognition[J]. Entropy, 2018, 20(4):1-13.

[40] Ibrahim A K, Zhuang H Q, Cherubin L M, et al. Automatic classification of grouper species by their sounds using deep neural net-

works[J]. The Journal of the Acoustical Society of America, 2018, 144 (3):196-202.

[41] Williams D P, Dugelay S. Multi-view SAS image classification using deep learning [C]// OCEANS 2016 MTS/IEEE Monterey. Monterey:IEEE, 2016:1-6.

[42] Williams D P. Underwater target classification in synthetic aperture sonar imagery using deep convolutional neural networks[C]// International Conference on Pattern Recognition. Mexico: IEEE, 2017:2497-2502.

[43] Wang X M, Jiao J, Yin J W, et al. Underwater sonar image classification using adaptive weights convolutional neural network[J]. Applied Acoustics, 2019, 146:145-154.

第 2 章 基于堆叠式卷积稀疏降噪自编码器的水下异构信息数据降噪方法

本章重点研究水下信息数据的加性噪声和乘性噪声，在模拟水下异构信息数据集的基础上，分析稀疏降噪自编码器、堆叠式稀疏降噪自编码器以及 CNN，为取得良好的水下异构信息数据盲去噪效果，提出基于堆叠式卷积稀疏降噪自编码器的水下异构信息数据降噪方法。

2.1 水下信息数据的噪声模型

2.1.1 加性高斯白噪声模型

在水下的复杂环境中，噪声并不是由单一的噪声源引起的，而是由许多不同来源的噪声源引起的，即 $S=\sum_i r_i$，其中 S 是观测到的噪声，r_i 是大量随机噪声中的一种[1]。假定实际噪声是多个随机变量的组合，每个随机变量都服从不同的概率分布并且都是独立的，由中心极限定理(Central Limit Theorem)可知，所有变量的归一化之和会随数量的增加呈现高斯分布。所以在处理复杂且无法获知噪声分布的情况下，合成的高斯白噪声是一种简便而准确的近似模拟[2]。

加性高斯白噪声的功率谱密度函数由 $P_n(\omega)$ 确定，一维概率密度函数由 $p(s)$ 确定。具体的数学模型为

$$P_n(\omega)=\frac{n_0}{2}, \qquad -\infty<\omega<+\infty \tag{2-1}$$

$$p(s)=\frac{1}{\sqrt{2\pi\sigma_a}}\exp\left[-\frac{(s-\xi)^2}{2\sigma_a^2}\right] \tag{2-2}$$

式中，n_o 是一个常数，单位为 W/Hz；s 是水下声信号信息数据；ξ 是噪声的数学期望值；σ_a^2 是噪声的方差。

2.1.2 乘性散斑噪声模型

在声呐将探测到的信号进行传送的过程中，传输信道电离层和对流层的随机变换会产生乘性散斑噪声，并对信号产生干扰。Chen Deshan[3] 等提出乘性散斑噪声模型为

$$g(x,y)=I(x,y)+I(x,y)^{\gamma}\cdot\eta(x,y) \tag{2-3}$$

式中，$\eta(x,y)$ 是一个均值为零、标准差为 σ_m 的高斯随机分布；γ 是一种非负指数参数，控制声呐图像依赖于噪声的程度，在一定情况下，γ 可以为 1。因此，本书假设广义模型式(2－4)进行相应的实验：

$$g(x,y)=I(x,y)+I(x,y)\cdot\eta(x,y) \tag{2-4}$$

2.2 模拟水下异构信息数据集

由于在神经网络降噪模型中，训练过程需要含噪数据作为训练集，对应的纯净数据作为训练目标，而水下异构信息数据在获取和传输过程中会受到噪声的污染，无法获取纯净数据，故提出选用无关数据集模拟水下异构信息数据作为训练集。

2.2.1 模拟水下声信号数据集

纯净音频数据集采用 VoxCeleb 数据集，它是一个庞大的说话人识别音频数据集，全部采自 YouTube 视频网站中约 1 200 名说话人的近 10 万个话语，数据集男女性别大致均衡。以信噪比为 1 dB 的加性高斯白噪声污染纯净音频数据集，得到模拟水下声信号数据集作为训练集，原纯净音频数据集作为训练目标。图 2－1 所示是模拟水下声信号数据集时域波形示例图。

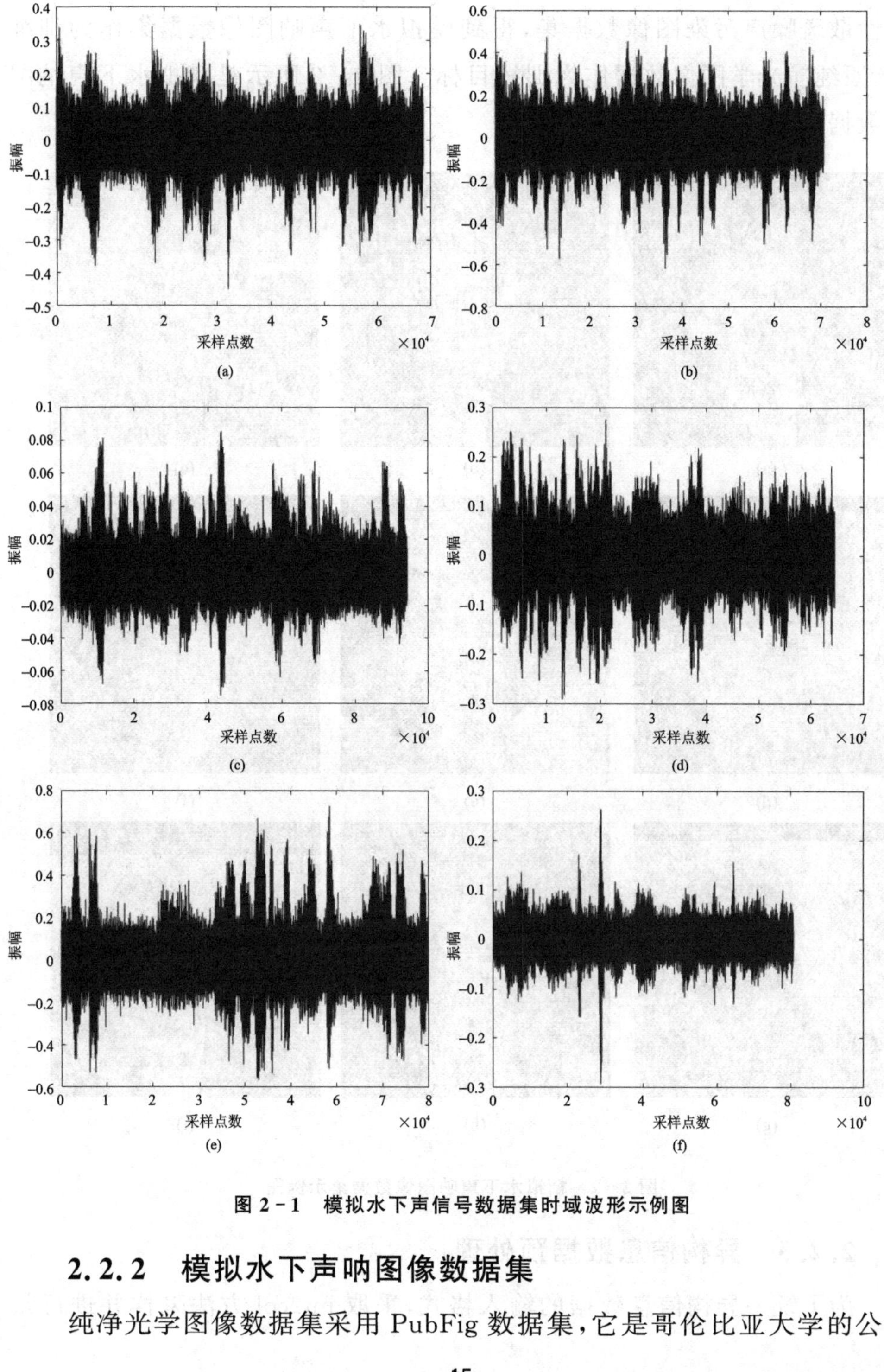

图 2-1　模拟水下声信号数据集时域波形示例图

2.2.2　模拟水下声呐图像数据集

纯净光学图像数据集采用 PubFig 数据集，它是哥伦比亚大学的公众人物脸部数据集，包括有 200 个人的 58k＋张面部图像。以强度为 0.3 的乘性散斑噪声污染图像数据集，得到模拟水下声呐图像数据集作为训练集，原纯净光学图像数据作为训练目标。图 2－2 所示是模拟水下声呐图像数据集示例图。

图 2－2　模拟水下声呐图像数据集示例图

2.2.3　异构信息数据预处理

为了统一异构信息数据的输入格式，采取 im2col 方法采样并进行归一化处理。im2col 方法是将卷积核覆盖的区域展开到新矩阵的一列(行)，新矩阵的列(行)数则对应于输入数据的卷积核滑移次数。这样就保证了一维音频数据和二维图像数据在模型输入格式上的统一。图 2-3 所示是图像数据的 im2col 方法采样示意图。

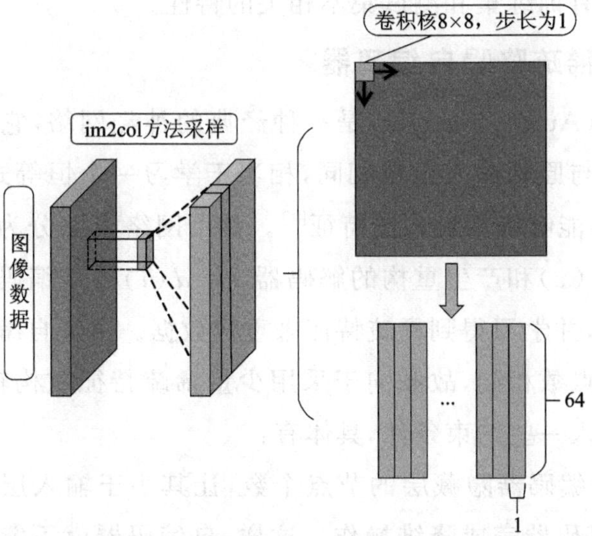

图 2-3　图像数据的 im2col 方法采样示意图

音频数据的滑窗卷积核为 1×64，滑移步长为 1×1；图像数据的滑窗卷积核为 8×8，滑移步长为 1×1。将 im2col 方法采样结果变形为长度为 64 的向量，对异构信息数据向量使用归一化方法 $x^{*}=\frac{x_{\text{raw}}-x_{\text{min}}}{x_{\text{max}}-x_{\text{min}}}$，将音频数据映射到[-1,1]，将图像数据映射到[0,1]。其中，x^{*} 为归一化结果；x_{raw} 为采样结果；x_{max} 为样本数据的最大值；x_{min} 为样本数据的最小值。

2.3　堆叠式卷积稀疏降噪自编码器

为了使所选用的无关数据集能完成盲去噪训练，提出构建堆叠式卷积稀疏降噪自编码器(Stacked Convolutional Sparse Denoising Auto-encoder, SCSDA)模型，以稀疏降噪自编码器(Sparse Denoising Auto-encoder, SDA)构成堆叠式稀疏降噪自编码器(Stacked Sparse Denoising Auto-encoder, SSDA)网络，提取模拟水下异构信息数据中的过完备稀疏特征，并将 SSDA 网络最后一层编码层的输出结果作为 CNN 的输入构成 CNN，提取模拟水下异构信息数据深层特征，同时进一步采用级联微调的方式优化网络参数。提出构建的 SCSDA 模型具有强稀疏性，对水下异构信息数据的加性噪声有一定的自适应能力，同时模型对水下异构信息数据的乘性噪声具有训练集和测试集不相关的特性。

2.3.1 稀疏降噪自编码器

自编码器(Auto - encoder)是一种经典的神经网络，它可以使得训练后的输出结果与原始输入保持相同，相当于学习一个恒等式 $\hat{x}=x$。它包含一个隐层 h，能够提取输入的特征[4]。整个网络可以分为用来处理输入的编码器 $h=e(x)$和产生重构的解码器 $\hat{x}=d(h)$。自编码器的目标是通过对数据降维，并学习得到稀疏特征来重构数据。由于自编码器的输入节点数和输出节点数相同，故倾向于采用少量稀疏特征重构输入，通常在原有的基础上加入一些约束条件，具体有：

① 控制自编码器隐藏层的节点个数，让其小于输入层和输出层的节点个数，使自编码器完成降维操作。这样，自编码器就不能将所有节点的内容全部复制，而只能选择最显著的特征进行复原，将不太重要的内容舍弃掉。

② 在数据输入层引入噪声干扰，形成降噪自编码器(Denoising Auto-encoder)[5]，让其从噪声中学习到数据的特征。这同样无法完全复制输入节点，因为完全复制并不能去除人工添加的噪声以完成还原数据的任务，所以这就迫使自编码器学习数据重复出现的模式和结构，并将杂乱无章的噪声过滤掉以还原输入数据。

③ 对隐藏层的权重加入正则限制以控制隐藏节点的稀疏程度，使得隐藏层节点尽可能多的为零。稀疏程度越大，得到的稀疏特征组合也就越重要。在网络的损失函数中加入该稀疏惩罚项并进行训练，即可得到具备提取有用特征能力的模型，这一模型称作稀疏自编码器(Sparse Auto - encoder)[6]。

结合约束条件①、②和③，为了能提取信息数据的过完备稀疏特征，构造 SDA[7,8]。SDA 的结构如图 2 - 4 所示。

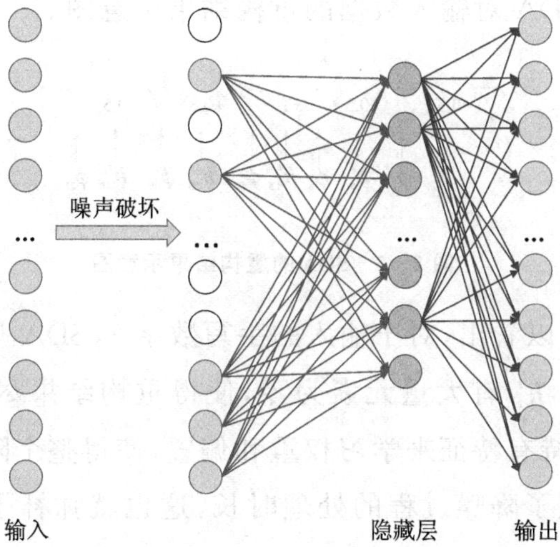

图 2-4　SDA 的结构示意图

SDA 能根据任意的输入数据 $\boldsymbol{x}^t$，得到隐藏层 $\boldsymbol{h}^t$ 表示和输出表示 $\hat{\boldsymbol{x}}^t$。并且 $\boldsymbol{x}^t$、$\boldsymbol{h}^t$、$\hat{\boldsymbol{x}}^t$ 满足以下两个重要性质：

① 隐藏层向量是稀疏的，则向量 $\boldsymbol{h}^t$ 有尽可能多的零元素。

② 输出层数据$\{\hat{\boldsymbol{x}}^t\}$能够尽可能多地还原输入层数据。

设由 T 个训练数据构建的数据集$\{x^1, x^2, \cdots, x^T\}$，用 SDA 求解最优矩阵 $\boldsymbol{D}$ 和隐藏层 $\boldsymbol{h}^t$，使得模型满足上面的两个性质，用数学表达式可以表示为

$$\min_{\boldsymbol{D}}\left(\frac{1}{T}\sum_{t=1}^{T}\min_{\boldsymbol{h}^t}\left(\frac{1}{2}\parallel \boldsymbol{x}^t - \boldsymbol{D}\boldsymbol{h}^t \parallel_2^2 + \lambda \parallel \boldsymbol{h}^t \parallel_1^2\right)\right) \tag{2-5}$$

式中，$\boldsymbol{D}$ 是从隐藏层到输出层的权重参数矩阵，满足 $\boldsymbol{D}\boldsymbol{h}^t = \hat{\boldsymbol{x}}^t$，矩阵 $\boldsymbol{D}$ 也被称为“字典”，尺寸大小是 $n \times m$ 维，m 是隐藏层向量的大小，n 是输出层数据的大小。

如果将矩阵 $\boldsymbol{D}$ 写成列向量组的表示形式，则有

$$\boldsymbol{D} = (\boldsymbol{\varphi}_1, \boldsymbol{\varphi}_2, \cdots, \boldsymbol{\varphi}_m) \tag{2-6}$$

式中，$\boldsymbol{\varphi}_i$ 是 n 维向量，描述从输入数据学到的不同特征表示，对应的隐藏层神经元 $\boldsymbol{h}_i^t$ 描述了 $\boldsymbol{\varphi}_i$ 对数据 $\boldsymbol{x}^t$ 的重要程度，它们之间的关系可以表示为

$$\boldsymbol{x}^t \approx \hat{\boldsymbol{x}}^t = \sum_{i=1}^{m} \boldsymbol{h}_i^t \boldsymbol{\varphi}_i \tag{2-7}$$

图 2－5 所示是 SDA 对输入数据的重构结果示意图。

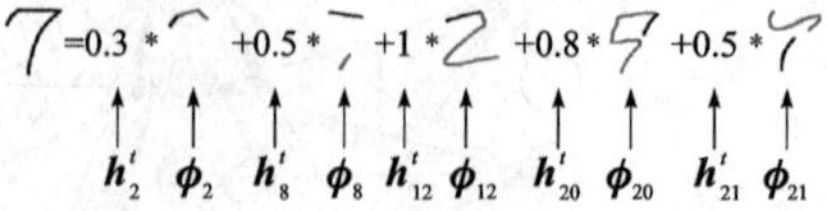

图 2－5　SDA 的重构结果示意图

由图 2－5 可以看出，对于输入的手写数字 7，SDA 只用了有限个向量 $\boldsymbol{\phi}_i$ 对其进行重构，$\boldsymbol{h}_i^t$ 有大量元素为零，使得重构结果尽量稀疏。SDA 是利用输入信号的特有特征来学习权重和偏置，使得整个降噪网络更具针对性，同时大大缩短了降噪过程的处理时长，这也就弥补了传统机器学习算法的缺点。

2.3.2　堆叠式稀疏降噪自编码器网络

理论上，神经网络的层数越深，对实际问题的拟合程度越好，但 SDA 所采用的误差反向传播算法会随着层数的加深而受到影响。除此之外，盲目地增多层数，使得节点和参数突增，运算结果将变得越来越不可控，最后模型变成一个彻底的黑盒。Hinton GE[9,10] 提出一种分层贪婪预训练的方法，可以很好地解决这些问题。其核心思想是一次只训练一个单隐藏层的神经网络，训练好后才开始训练下一个神经网络。后面对每一个神经网络的隐藏层运用相同的方法，把上一个神经网络隐藏层的输出结果依次当作此层的输入进行训练。当训练每一隐藏层的参数时，其他隐藏层的参数将不会随之改变。为了取得更优的结果，在完成预训练过程后利用级联微调的方法一并调整各个层的参数以得到整个网络的最优参数。根据分层贪婪预训练的方法，SSDA 网络的结构通常由多层 SDA 堆叠构成[11]。假设含噪数据 $\hat{x}$ 作为网络的输入，对应的纯净数据 x 作为网络的训练目标，由此构成 SDA，依次进行编码和解码过程，具体的训练过程如下：

SDA 的编码过程为

$$h = e(\hat{x}) = \varphi(w\hat{x} + b) \tag{2-8}$$

SDA 的解码过程为

$$y = d(h) = \varphi(w'h + b') \tag{2-9}$$

式中，$\hat{x}$ 是输入的含噪数据；y 表示 SDA 重建的输出数据，SDA 学习的参数为 $\theta_{SDA}=\{w,w',b,b'\}$；$w$ 和 b 分别是 SDA 编码层的权重和偏置；w' 和 b' 分别是 SDA 解码层的权重和偏置；h 为 SDA 的隐藏层；$e(\cdot)$ 表示编码；$d(\cdot)$ 表示解码。

SDA 的目的是学习到一组权重和偏置，使得 $y\approx x$。为此需要在损失函数中添加稀疏约束，然后对损失函数进行优化，得到最小损失值。常用的损失函数是平方误差，表达式为

$$L_s(w,w',b,b';x)=\frac{1}{2}\parallel y-x\parallel^2 \tag{2-10}$$

为了保证隐藏层的稀疏性，在式(2-10)的基础上添加相对熵，相对熵是数据的原始分布和目标分布之间对数差值的期望。具体表达式为

$$KL(\hat{\rho}_j\parallel\rho)=\rho\ln\frac{\rho}{\hat{\rho}_j}+(1-\rho)\ln\frac{1-\rho}{1-\hat{\rho}_j} \tag{2-11}$$

式中，ρ 是稀疏性参数；$\hat{\rho}_j$ 表示隐藏层上第 j 个神经元 $h_j^{(l)}$ 的相应平均激活值。

SDA 的损失函数为

$$L_{SDA}(w,w',b,b';x)=L_s(w,w',b,b';x)+\beta\sum_{j=1}^{k}KL(\hat{\rho}_j\parallel\rho) \tag{2-12}$$

式中，β 为约束权重项；k 为隐藏层的神经元个数。

将训练好的 SDA 编码层的输出结果，即学习到的特征作为下一个 SDA 的输入并进行贪婪训练，以此类推，最后将整个网络进行微调，使学习参数更优，微调过程如下：

$$\begin{aligned}\arg\min_{\theta^{(l)}}L(\theta^{(l)})=&\frac{1}{N}\sum_{i\in h^{(l-1)}}\parallel h_i^{(l-1)}-\hat{h}_i^{(l-1)}\parallel_2^2+\\&\beta\sum_{j=1}^{k}KL(\hat{\rho}_j\parallel\rho)+\frac{\lambda}{2}(\parallel w^{(l)}\parallel_F^2+\parallel w'^{(l)}\parallel_F^2)\end{aligned} \tag{2-13}$$

式中，$L(\cdot)$ 表示损失函数；$\theta^{(l)}=\{w^{(l)},b^{(l)},w'^{(l)},b'^{(l)}\}$，$w^{(l)}$、$b^{(l)}$、$w'^{(l)}$、$b'^{(l)}$ 分别表示第 l 层 SSDA 编码层权重、编码层偏置、解码层权重

和解码层偏置；$h_i^{(l)}$ 表示第 l 层 SSDA 编码层的隐藏层；$\hat{h}_i^{(l)}$ 表示第 l 层 SSDA 编码层隐藏层的重建结果。

SSDA 的训练过程示意图如图 2-6 所示。

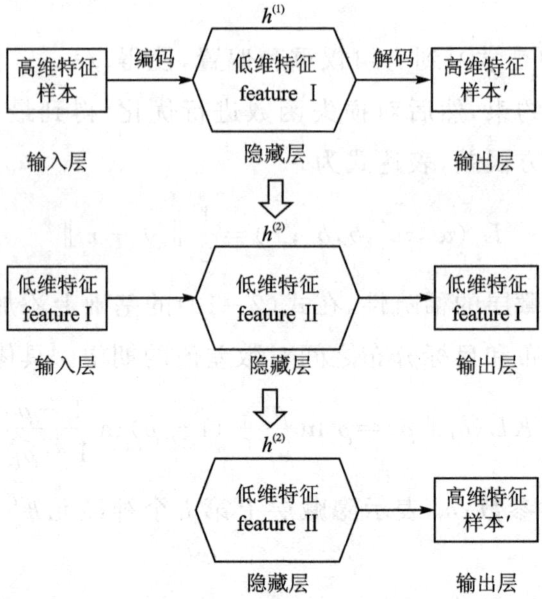

图 2-6 SSDA 训练过程示意图

SSDA 的每一层可以分开训练以确保可控性，同时训练更容易、收敛速度更快。

2.3.3 卷积神经网络

全连接神经网络 SDA 和 SSDA 通过矩阵乘法搭建输入输出之间的映射关系。其中，矩阵的每个参数都代表着一个输入和一个输出的对应关系。也就是说，网络中每一个输入和输出都产生交互，这就使得网络变得复杂而不可控。而 CNN 巧妙地避开了对参数过度依赖的问题，它不但可以解决时间序列和图像数据问题，同时还可以更好地提取特征细节。其卷积运算可以表示为[12]

$$\boldsymbol{S}_j^{(c)} = \varphi\left(\sum\nolimits_{i=1}^{c} \boldsymbol{S}_i^{(c)} * k_{ij} + \gamma_j\right) \tag{2-14}$$

式中，$\boldsymbol{S}_i^{(c)}$ 是第 c 层卷积层的第 i 个特征向量；k_{ij} 是二维卷积核；$*$ 是卷积运算；γ_j 表示偏置项；$\varphi(\cdot)$表示激活函数。

图 2-7 给出了在二维张量上卷积运算的实例。

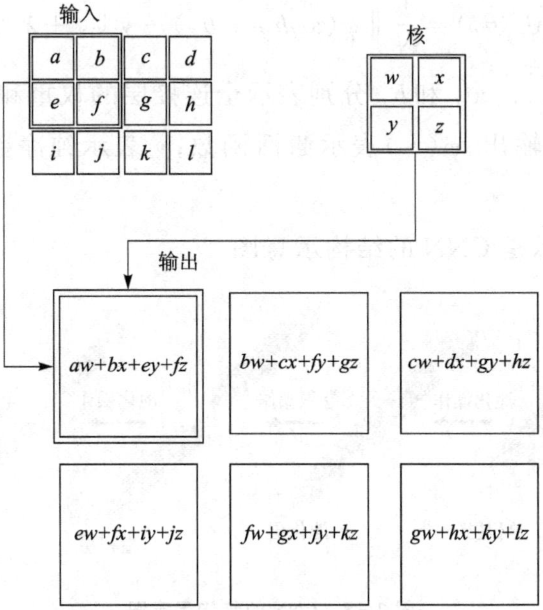

图 2-7　二维卷积运算实例

CNN 将卷积核的大小设置为远远小于输入的大小，这样在不影响训练的前提下提高了效率。同时，当全连接网络计算每一层的输出时，只用一次权重参数，以后便不再使用，这样随着层数的加深，学习参数会增多。在 CNN 操作中，学习参数可以共享，让模型中的多个函数共用一套参数，而不是为每一层单独学习一组参数，使得每个神经元只关注一个特性。每个卷积运算只处理输入的一小部分特征，在完成卷积运算后将其传到随后的网络层中，这种方法可以最大化地提取数据的显著细节特征。

CNN 一般由多个卷积层组成，每个卷积层都将完成以下步骤[13]：

① 通过不同卷积核的卷积运算来提取数据的局部特征。

② 用非线性激活函数处理卷积运算的输出结果。

③ 将激活函数处理后的结果进行池化操作。池化的首要作用就是在保持原始特征的同时最小化数组的维数，即降维处理。

④ 将池化层提取到的细节特征输入进全连接层进行合并，各个部分的细节特征都对最后的结果产生影响。

全连接过程可以描述为

$$\arg\min_{\theta_f} L(\theta_f)=\frac{1}{N}\|\varphi(w_f h_f+b_f)-\boldsymbol{y}\|_2^2+\lambda\|w_f\|_F^2 \quad (2-15)$$

式中，$\theta_f=\{w_f,b_f\}$，w_f 和 b_f 分别表示全连接层的权重和偏置；h_f 表示最后一层池化层的输出；$\varphi(\cdot)$表示激活函数；$\boldsymbol{y}$ 表示纯净数据向量；λ 为约束权重项。

图 2-8 所示是 CNN 的结构示意图。

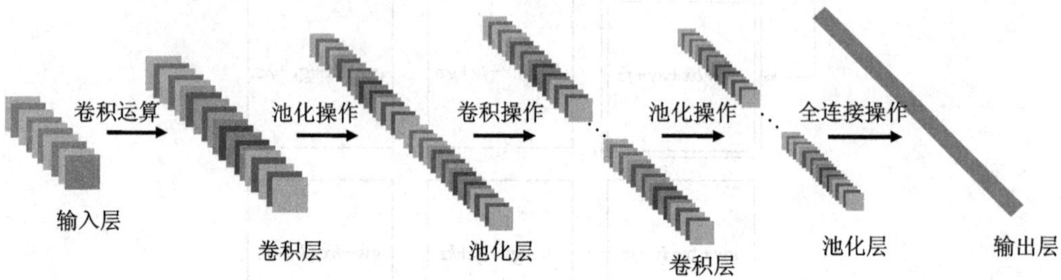

图 2-8　CNN 的结构示意图

卷积运算和池化操作是整个 CNN 的核心[14]。

卷积运算可按运算方式分成窄卷积、全卷积和同卷积。

窄卷积(valid 卷积)，即卷积后的结果小于原始输入尺寸，而且其步长是可变的。假设滑移步长是 S，原始输入的维度是 $N_1\times N_1$，且卷积核的尺寸是 $N_2\times N_2$，则卷积后的结果尺寸为

$$[(N_1-N_2)/(S+1)]\times[(N_1-N_2)/(S+1)] \quad (2-16)$$

同卷积(same 卷积)，即卷积后的结果尺寸大小与原始输入尺寸相同，并且滑移步长是固定的，为 1。通常在运算时，使用 padding 技术(将卷积核涵盖的图像外区域填写为 0，保证生成的尺寸不发生变化)进行配合。

全卷积(full 卷积)，也被称作反卷积，是指通过卷积运算将原始输入中的每个特征向量展开。其和同卷积相同，全卷积的滑移步长也是固定不变的，为 1。假设原始输入的维度是 $N_1\times N_1$，且卷积核的尺寸为 $N_2\times N_2$，则卷积后的结果尺寸为

$$N_1+N_2-1\times N_1+N_2-1 \quad (2-17)$$

池化操作只侧重考虑滤波器的大小，并不关心内部的值，只是将滤波器涵盖区域对应的特征向量取平均值或最大值，也就是均值池化和最大池化。

均值池化是取与滤波器大小相对应的区域内所有不为 0 的值的平均值，这样获得的特征数据对背景信息更加敏感。

最大池化则是将滤波器涵盖区域内的所有值取最大值，这样使得提取到的特征数据对细节纹理信息更加敏感。最大池化操作可表示为

$$S_{ij}^{(c)} = \max(S_{mn}^{(c)}), \qquad i \leqslant m, n \leqslant i+1 \tag{2-18}$$

式中，$S_{ij}^{(c)}$ 是第 c 层卷积层的第 i 个特征向量的第 j 个值；m 和 n 为 $S_{ij}^{(c)}$ 对应的池化过滤器覆盖的区域。

2.3.4　构建堆叠式卷积稀疏降噪自编码器模型

为了使所选用的无关数据集能完成盲去噪训练，同时具有较传统降噪处理方法更快的处理速度，提出构建 SCSDA 模型[15]。以 3 层 SDA 堆叠构成 SSDA 网络，提取模拟水下异构信息数据中的过完备稀疏特征，将 SSDA 网络最后一层编码层的输出结果作为 CNN 的输入，以 1 层输入层、2 层二维卷积层、2 层最大池化层以及 1 层全连接层构成 CNN，提取模拟水下异构信息数据深层特征，并采用级联微调的方式进一步优化网络参数。提出构建的 SCSDA 模型对水下异构信息数据的乘性噪声具有训练集和测试集不相关的特性，同时模型具有强稀疏性，对水下异构信息数据的加性噪声有一定的自适应能力。图 2－9 所示是提出的 SCSDA 模型的流程图。

SDA 可以在提取水下异构数据的过完备稀疏特征的同时保持一定的鲁棒性。具体的训练过程如下：

SDA 的编码过程为

$$h = e(x) = \varphi(wx + b) \tag{2-19}$$

SDA 的解码过程为

$$\hat{x}_{\mathrm{SDA}} = d(h) = \varphi(w'h + b') \tag{2-20}$$

式中，x 是模拟水下异构信息数据；$\hat{x}_{\mathrm{SDA}}$ 表示 SDA 重建的模拟水下异构信息数据。

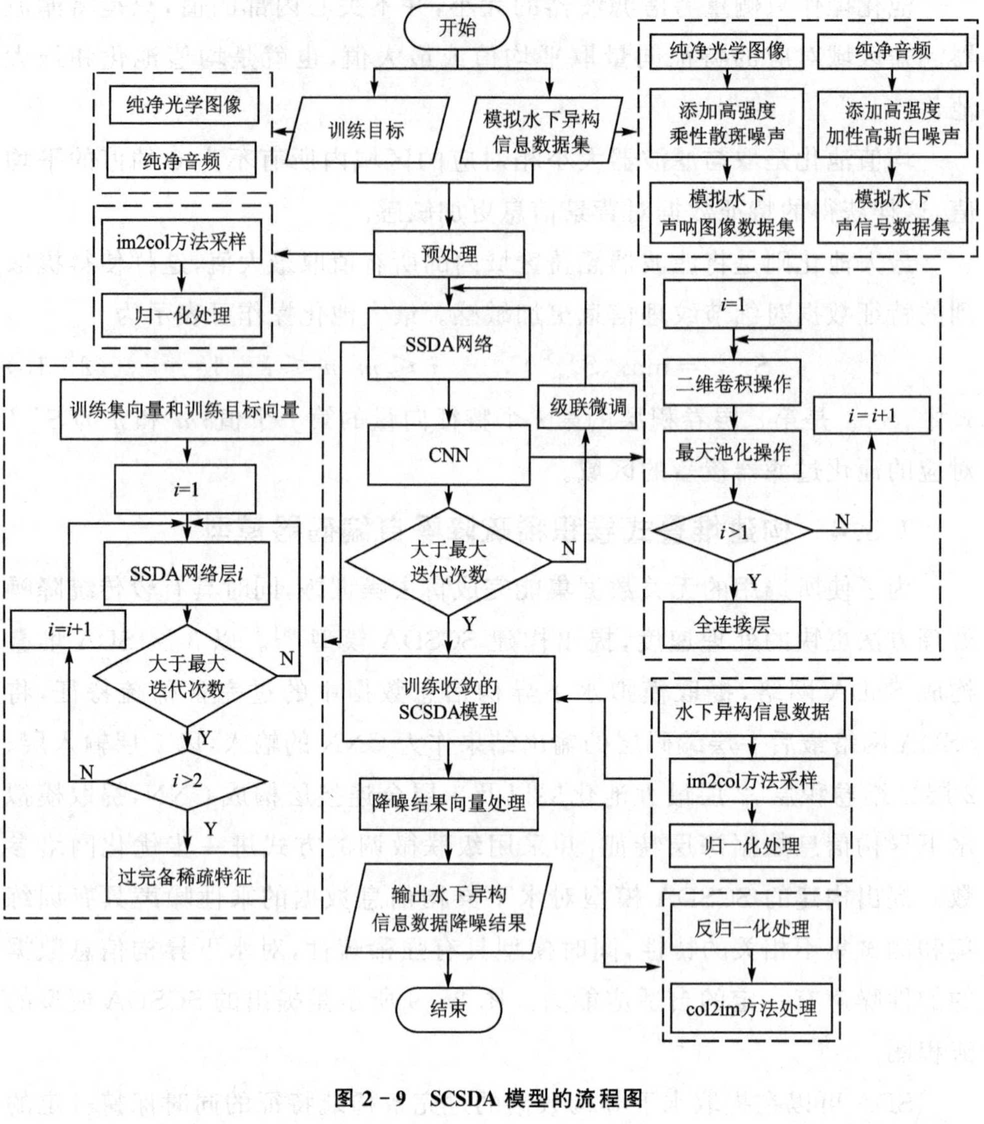

图 2-9 SCSDA 模型的流程图

SSDA 网络通过增加自编码网络深度提升了 SDA 的学习能力，以逐步贪婪训练方法训练每一层 SDA，前一个 SDA 隐藏层的输出被用作后一个 SDA 的输入，依次连接至输出层。

SSDA 网络的训练过程可以描述为

$$\arg\min_{\theta^{(m)}} L(\theta^{(m)}) = \frac{1}{N}\sum_{i \in h^{(m-1)}} \| h_i^{(m-1)} - \hat{h}_i^{(m-1)} \|_2^2 +$$

$$\beta\sum_{j=1}^{k}KL(\hat{\rho}_j \parallel \rho)+\frac{\lambda}{2}(\parallel w^{(m)} \parallel_F^2+\parallel w'^{(m)} \parallel_F^2) \tag{2-21}$$

式中，$L(\cdot)$表示损失函数；$\theta^{(m)}=\{w^{(m)},b^{(m)},w'(m),b'^{(m)}\}$，$w^{(m)}$、$b^{(m)}$、$w'^{(m)}$、$b'^{(m)}$分别表示第 m 层 SSDA 编码层权重、编码层偏置、解码层权重和解码层偏置；$h_i^{(m)}$ 表示第 m 层 SSDA 编码层的隐藏层；$\hat{h}_i^{(m)}$ 表示第 m 层 SSDA 编码层隐藏层的重建结果。

在激活函数的选择上，为了能使模型同时兼顾水下声信号数据和水下声呐图像数据，在 ReLU 激活函数的基础上，保留一些负值，即采用 Leaky ReLU 激活函数。Leaky ReLU 函数将 ReLU 小于 0 的部分改成一个斜率小于 0 大于−1 的线性函数 $y=ax$。其数学表达式为[16]

$$f(x)=\begin{cases}x\,(x\geqslant 0)\\ ax\,(\text{otherwise})\end{cases}\rightarrow f(x)=\max(x,ax) \tag{2-22}$$

CNN 中的卷积层是对 SSDA 网络最后一层编码层提取的模拟水下异构数据中的过完备稀疏特征进行进一步的特征提取，从而得到模拟水下异构数据深层特征，这样就可以尽可能多地保留模拟水下异构数据的边缘特征，克服了传统 SSDA 网络过度平滑边缘特征的缺陷。

CNN 中卷积操作提取模拟水下异构数据深层特征的过程为

$$\boldsymbol{R}_n^{(c)}=\varphi\left(\sum\nolimits_{m=1}^{c}\boldsymbol{R}_m^{(c)}*k_{mn}+\gamma_n\right) \tag{2-23}$$

式中，$\boldsymbol{R}_n^{(c)}$ 是第 c 层卷积层的第 n 个特征向量；k_{mn} 是二维卷积核；$*$ 是卷积运算；γ_n 表示偏置项；$\varphi(\cdot)$表示激活函数。

随后进行反向传播，利用链式求导规则，找出误差最小的梯度，并根据学习率计算更新后的差值。在对生成的卷积结果进行 padding 并用转置后的卷积核与其进行卷积运算后，可以得到输入端的误差，继而将误差传回。

采用最大池化操作，对模拟水下异构数据深层特征进行降维操作，进一步提取模拟水下异构数据的深层特征，并加快运行速度，缓解过拟合现象，提升鲁棒性。

最大池化操作表示为

$$R_{mn}^{(c)}=\max(R_{ij}^{(c)}),\qquad m\leqslant i,j\leqslant m+1 \tag{2-24}$$

式中，$R_{mn}^{(c)}$ 是第 c 层卷积层的第 m 个特征向量的第 n 个值；i 和 j 为 $R_{mn}^{(c)}$ 对应的池化过滤器覆盖的区域。

最大池化的反向传播是直接将其误差放置到相应的位置，其他位置则用 0 填充。

使用全连接层将深层特征重建模拟水下异构数据向量。具体过程可以描述为

$$\arg\min_{\theta_{\text{full}}} L(\theta_{\text{full}}) = \frac{1}{N} \| \varphi(w_{\text{full}} h_{\text{full}} + b_{\text{full}}) - \boldsymbol{y} \|_2^2 + \lambda \| w_{\text{full}} \|_F^2 \tag{2-25}$$

式中，$\theta_{\text{full}} = \{w_{\text{full}}, b_{\text{full}}\}$，$w_{\text{full}}$ 和 b_{full} 分别表示全连接层的权重和偏置；h_{full} 表示最后一层池化层的输出；$\varphi(\cdot)$ 表示激活函数；$\boldsymbol{y}$ 表示纯净数据向量；λ 为约束权重项。

由于 SCSDA 模型是分层训练的，故会把网络的中间层当作后续网络的输入进行训练，这样就可以获得每一中间层的原始值，并且其值均处于各自局部最优的状态，为了取得更优的效果，采用级联的方式对网络参数进行进一步优化。在已有模型的基础上继续进行优化的步骤通常称作“微调”，这种方法是贯穿深度学习的一种常用技巧。级联微调能够更快地使网络收敛，具体过程描述为

$$\begin{aligned} \arg\min_{\theta} L_{\text{fine-turning}}(\theta) = & \frac{1}{N} \sum_{x \in \boldsymbol{D}} \| \hat{\boldsymbol{x}} - \boldsymbol{y} \|_2^2 + \\ & \frac{\lambda}{2} \Big[\Big(\sum_{m=1}^{i} (\| w^{(m)} \|_2^2 + \| w'^{(m)} \|_2^2) \Big) + \\ & 2 \Big(\sum_{c=1}^{j} (\| w^{(c)} \|_F^2) \Big) \Big] \end{aligned} \tag{2-26}$$

式中，$\hat{\boldsymbol{x}}$ 为 SCSDA 模型输出的模拟水下异构数据向量；$\theta = \{w^{(m)}, b^{(m)}, w'^{(m)}, b'^{(m)}, w^{(c)}, b^{(c)}\}$，$w^{(c)}$ 表示 CNN 中第 c 层卷积层的权重，$b^{(c)}$ 表示 CNN 中第 c 层卷积层的偏置。

图 2－10 所示是 SCSDA 模型的结构示意图。

由式(2－4) $g(x,y) = I(x,y) + I(x,y) \cdot \eta(x,y)$ 定义乘性散斑噪

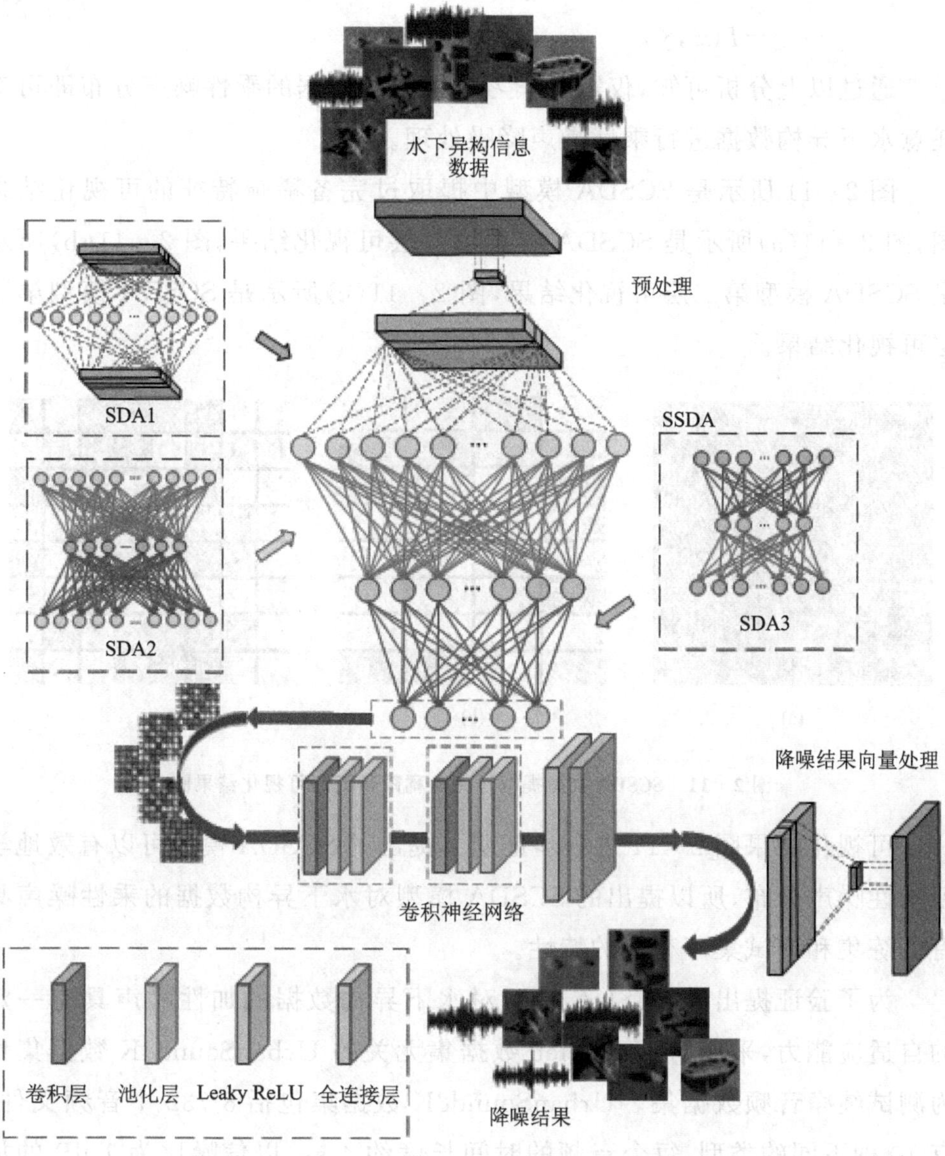

图 2-10　SCSDA 模型的结构示意图

声，其中 $g(x,y)$ 表示乘性噪声污染的水下异构数据，$I(x,y)$ 表示假定纯净的水下异构数据，$\eta(x,y)$ 表示乘性噪声分布。

对式(2-4)左右两边同时乘系数 $W=(E+\eta)^{-1}$，可得

$$g(x,y)\cdot W=(I(x,y)+I(x,y)\cdot\eta(x,y))\cdot W$$

$$= I(x,y) \cdot (E + \eta(x,y)) \cdot (E + \eta(x,y))^{-1} \\ = I(x,y) \tag{2-27}$$

通过以上分析可知，仅需要学习水下异构数据的乘性噪声分布即可对任意水下异构数据进行乘性噪声降噪处理。

图 2-11 所示是 SCSDA 模型中提取过完备稀疏特征的可视化结果图，图 2-11(a)所示是 SCSDA 模型第一层可视化结果，图 2-11(b)所示是 SCSDA 模型第二层可视化结果，图 2-11(c)所示是 SCSDA 模型第三层可视化结果。

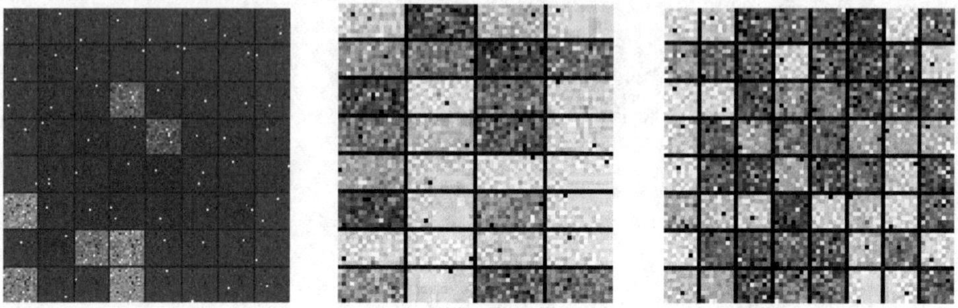

(a) (b) (c)

图 2-11 SCSDA 模型提取过完备稀疏特征的可视化结果图

可视化结果图 2-11 进一步证明了提出的 SCSDA 模型可以有效地学习乘性噪声分布，所以提出的 SCSDA 模型对水下异构数据的乘性噪声具有训练集和测试集不相关的特性。

为了验证提出的 SCSDA 模型对水下异构数据的加性噪声具有一定的自适应能力，采用与 VoxCeleb 数据集无关的 UrbanSound8K 数据集作为测试纯净音频数据集。UrbanSound8K 数据集包括 8 732 个音频文件，有 10 种不同的类型，每个音频的时间长度约 4 s。以信噪比为 1 dB 的加性高斯白噪声污染测试纯净音频数据集，得到测试模拟水下声信号数据集。由于存在测试纯净音频数据集，故可采用峰值信噪比(Peak Signal to Noise Ratio, PSNR)作为评价标准。

PSNR 是一种能够反映信号最大可能功率与影响其表示精度的破坏性噪声功率之比的评价方法，是最普遍和使用最为广泛的一种客观评价指

标。具体定义为[17]

$$\mathrm{PSNR}=10\cdot\log_{10}\left(\frac{\mathrm{MAX}^2}{\mathrm{MSE}}\right)=20\cdot\log_{10}\left(\frac{\mathrm{MAX}}{\sqrt{\mathrm{MSE}}}\right) \tag{2-28}$$

式中，MAX 表示信号的最大数值；MSE 表示含噪信号与纯净信号之间的均方误差。

均方误差的定义为[18]

$$\mathrm{MSE}=\frac{1}{mn}\sum_{i=0}^{m-1}\sum_{j=0}^{n-1}\left[I(i,j)-K(i,j)\right]^2 \tag{2-29}$$

式中，m 和 n 表示信号的维度；$I(i,j)$是含噪信号；$K(i,j)$是纯净信号。

选取 UrbanSound8K 数据集中 6 段不同类型的音频数据对提出的 SCSDA 模型进行测试。表 2-1 所列为测试模拟水下声信号数据集分别在稀疏度为 SP＝0.05、SP＝0.01、SP＝0.005、SP＝0.001 和 SP＝0.000 5 的情况下，降噪处理后的 PSNR 评价值。

表 2-1 测试模拟水下声信号在不同稀疏度降噪处理后的 PSNR 评价值

评价对象	测试模拟水下声信号数据 PSNR	SCSDA 模型在稀疏度为不同 SP 情况下降噪结果的 PSNR				
		SP＝0.05	SP＝0.01	SP＝0.005	SP＝0.001	SP＝0.000 5
Cicada	16.825 6	23.885 5	24.578 5	25.207 4	25.590 0	25.085 2
Bird	18.891 5	23.797 1	24.727 3	24.768 6	24.056 7	25.109 6
Market	14.738 2	17.836 3	17.928 5	17.815 9	17.925 7	17.853 6
Alarm	12.741 3	18.970 0	18.761 2	18.886 3	18.750 9	18.913 6
Whistling	15.051 5	23.142 7	23.157 7	23.229 3	23.231 3	23.151 5
Dog	14.928 4	22.558 4	22.592 4	22.649 4	22.556 1	22.421 8

从表 2-1 中可以看出，提出的 SCSDA 模型在不同稀疏度下，对与训练集无关的测试模拟水下声信号数据降噪结果的 PSNR 均高于测试模拟水下声信号数据本身，因此，提出的 SCSDA 模型具有强稀疏性，可将模拟水下异构数据转换到合适的特征空间，在该特征空间下学习的过完备稀疏特征能对水下异构数据进行模拟稀疏编码，对水下异构数据的加性噪声有一定的自适应能力。

2.4 实验结果与分析

为验证提出的基于 SCSDA 模型的水下异构信息数据降噪方法的有效性，将 SCSDA 模型的相关参数设置为：SSDA 网络隐藏层为 3 层；隐藏层神经元个数分别为 256、128 和 64；卷积层和池化层均为 2 层；卷积层的卷积核尺寸均为 3×3，步长为 1×1；卷积层卷积核个数分别为 128 和 64；池化层均为 2×2 的最大池化操作；全连接层的隐藏层神经元个数为 64。

2.4.1 降噪结果向量处理

将水下异构信息数据作为测试集输入至 SCSDA 模型中，利用 SSDA 网络提取水下异构信息数据中的过完备稀疏特征，进一步利用 CNN 提取水下异构信息数据深层特征，得到较好的水下异构信息数据降噪结果向量。对降噪结果向量进行反归一化处理及 col2im 方法处理，即对水下声信号数据降噪结果向量进行反归一化处理，同时采用滑移窗口为 1×64，滑移步长为 1×1 的 col2im 方法处理得到降噪处理后的水下声信号数据。对水下声呐图像数据降噪结果向量进行反归一化处理，同时采用滑移窗口为 8×8、滑移步长为 1×1 的 col2im 方法处理得到降噪处理后的水下声呐图像数据。最终完成 SCSDA 模型的水下异构信息数据降噪。图 2－12 所示为对水下声呐图像降噪结果向量进行 col2im 方法处理的示意图。

2.4.2 水下声信号信息数据降噪

为验证提出的 SCSDA 模型对水下加性噪声有较好的降噪效果，采用与 VoxCeleb 数据集无关的 UrbanSound8K 数据集作为测试纯净音频数据集，以信噪比为 1 dB 的加性高斯白噪声进行污染，得到测试模拟水下声信号数据集。并与最小均方算法（Least Mean Square Algorithm，LMS）[19]、多窗谱估计谱减法[20]、自适应小波阈值法[21]、SSDA 网络[11]的降噪结果进行比较，验证 SCSDA 模型的有效性。

图 2－13、图 2－14 和图 2－15 所示分别为测试模拟水下声信号数据集中模拟水下声信号 Park、Honk 和 Shot 的降噪结果图。

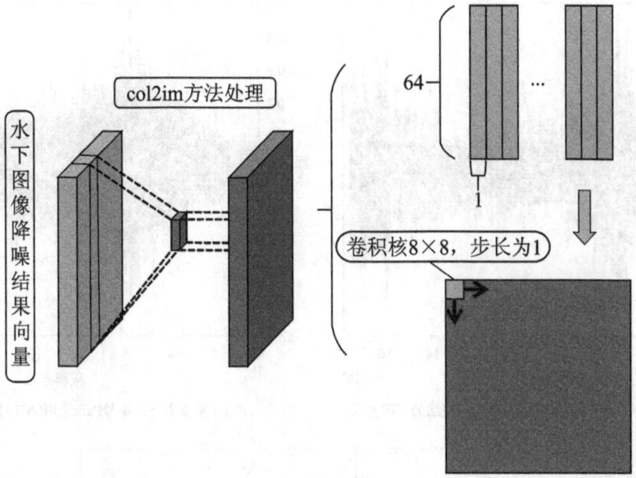

图 2－12　对水下声呐图像降噪结果向量进行 col2im 方法处理示意图

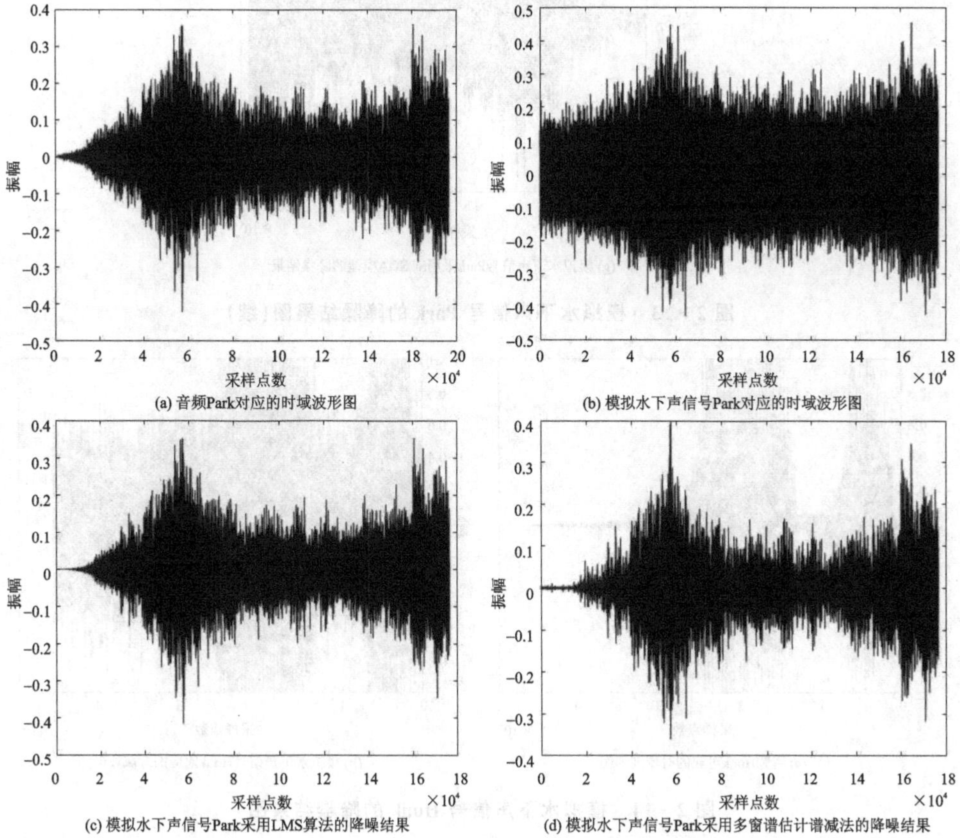

图 2－13　模拟水下声信号 Park 的降噪结果图

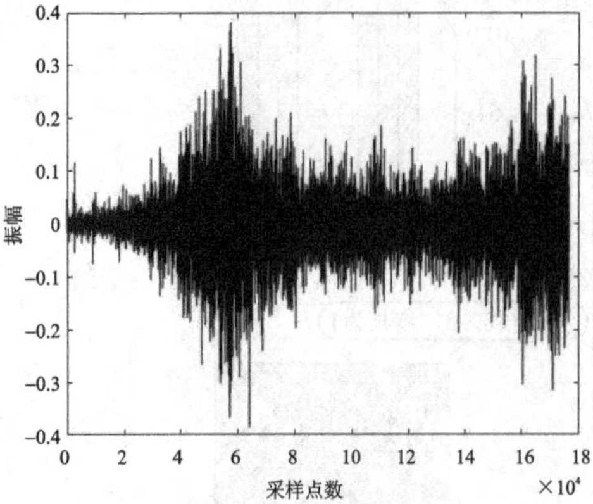

(e) 模拟水下声信号Park采用自适应小波阈值法的降噪结果

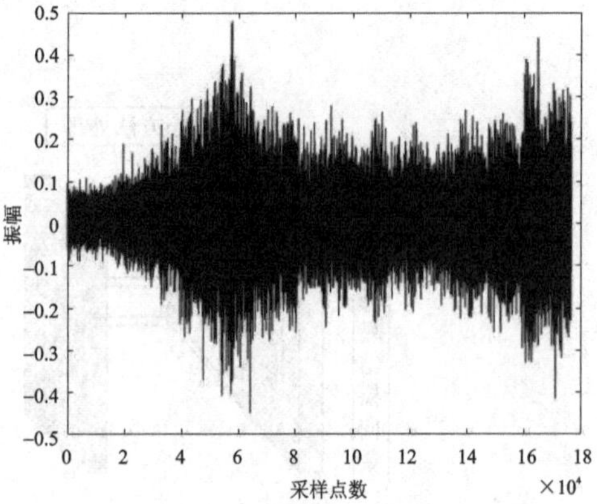

(f) 模拟水下声信号Park采用SSDA网络的降噪结果

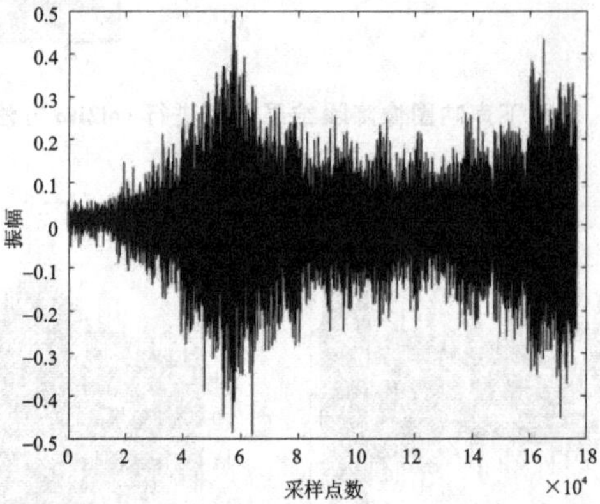

(g) 模拟水下声信号Park采用SCSDA模型的降噪结果

图 2-13 模拟水下声信号 Park 的降噪结果图(续)

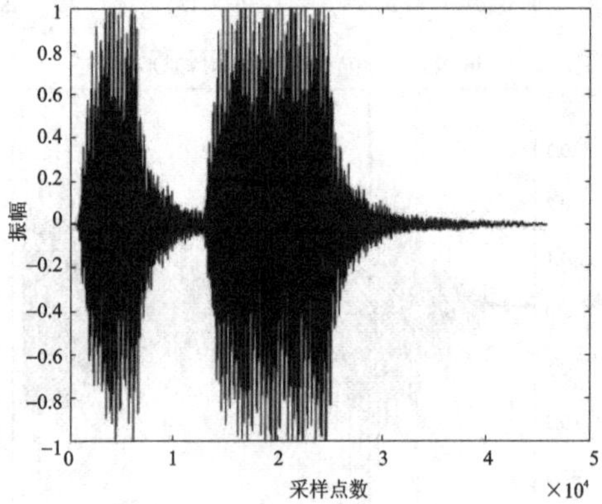

(a) 音频Honk对应的时域波形图

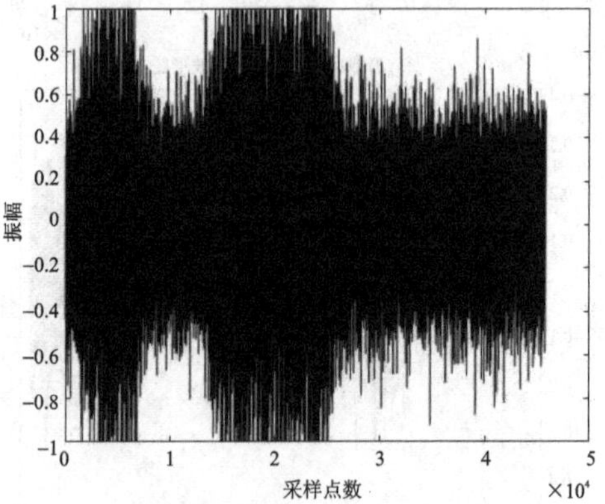

(b) 模拟水下声信号Honk对应的时域波形图

图 2-14 模拟水下声信号 Honk 的降噪结果图

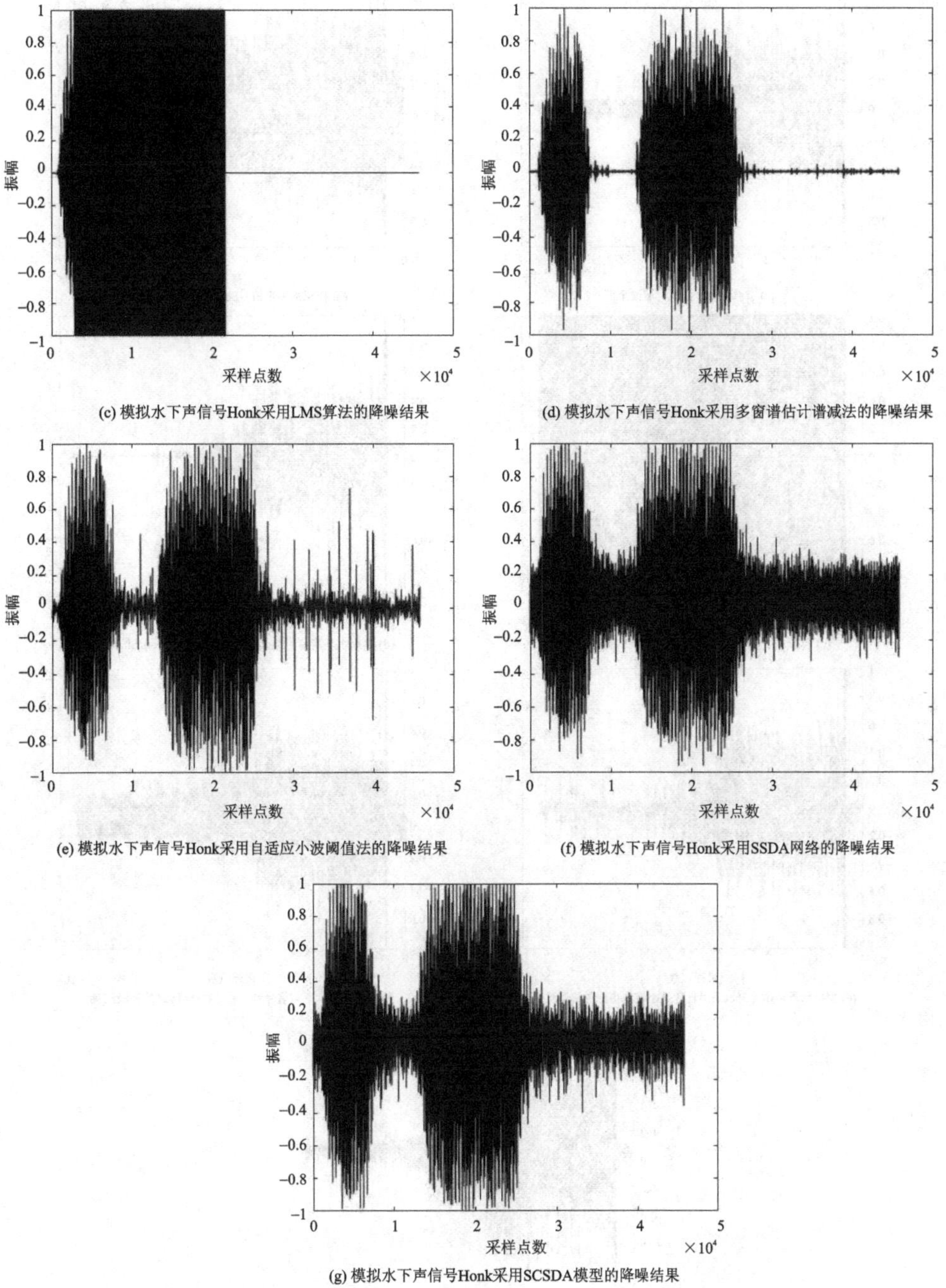

(c) 模拟水下声信号Honk采用LMS算法的降噪结果

(d) 模拟水下声信号Honk采用多窗谱估计谱减法的降噪结果

(e) 模拟水下声信号Honk采用自适应小波阈值法的降噪结果

(f) 模拟水下声信号Honk采用SSDA网络的降噪结果

(g) 模拟水下声信号Honk采用SCSDA模型的降噪结果

图 2-14　模拟水下声信号 Honk 的降噪结果图(续)

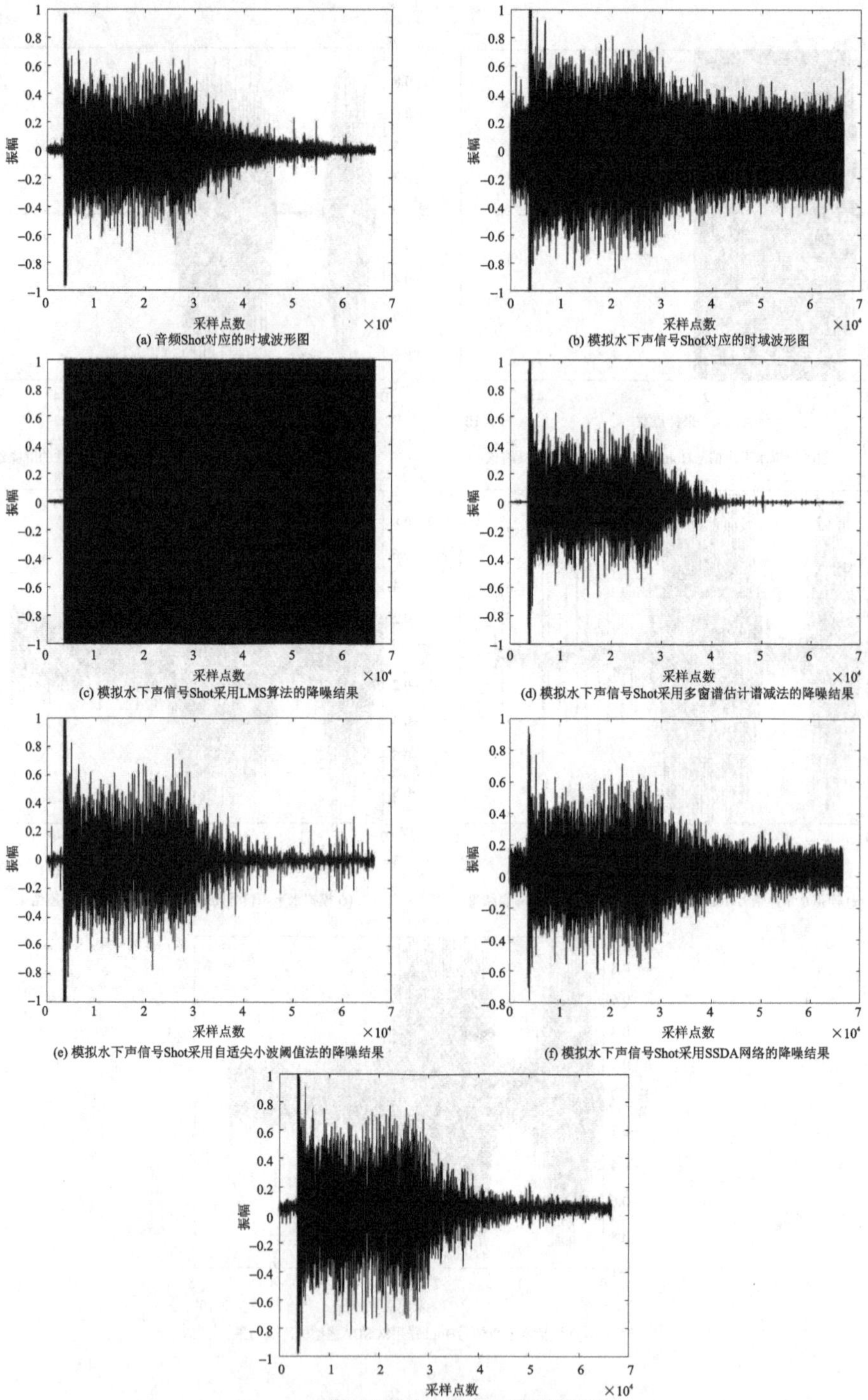

(a) 音频Shot对应的时域波形图

(b) 模拟水下声信号Shot对应的时域波形图

(c) 模拟水下声信号Shot采用LMS算法的降噪结果

(d) 模拟水下声信号Shot采用多窗谱估计谱减法的降噪结果

(e) 模拟水下声信号Shot采用自适尖小波阈值法的降噪结果

(f) 模拟水下声信号Shot采用SSDA网络的降噪结果

(g) 模拟水下声信号Shot采用SCSDA模型的降噪结果

图 2-15 模拟水下声信号 Shot 的降噪结果图

为了定量分析降噪的效果，表 2－2 提供了图 2－13、图 2－14 和图 2－15 中各算法降噪结果的 PSNR 评价值。

表 2－2　图 2－13、图 2－14 和图 2－15 中各算法降噪结果的 PSNR 评价值

音　频	Park	Honk	Shot
测试模拟水下声信号数据	21.722 4	19.452 2	24.240 4
LMS 算法	30.688 0	9.422 3	6.272 4
多窗谱估计谱减法	22.901 0	26.575 1	30.206 4
自适应小波阈值法	25.352 0	25.810 6	28.823 3
SSDA 网络	25.618 7	25.769 0	27.640 4
SCSDA 模型	26.828 1	25.964 8	30.085 8

从图 2－13、图 2－14、图 2－15 和表 2－2 可以看出，LMS 算法对声信号数据的降噪效果差异较大，针对一些声信号数据存在破坏特征结构的缺点，多窗谱估计谱减法、自适应小波阈值法以及 SSDA 网络能起到一定的降噪效果，但是多窗谱估计谱减法和自适应小波阈值法在小振幅部分降噪结果却并不理想，很多边缘特征在降噪过程中被去除，SSDA 网络的降噪结果中则残留一定的噪声，而通过 SCSDA 模型降噪处理后的模拟水下声信号数据可以很好地保留原始纯净音频数据特征。同时在定量分析中，各算法的 PSNR 评价值均高于测试模拟水下声信号数据的 PSNR 评价值。相较于 LMS 算法、多谱窗估计谱减法、自适应小波阈值法以及 SSDA 网络，SCSDA 模型具备更稳定的降噪处理性能。

图 2－16、图 2－17 和图 2－18 所示分别为真实的水下声信号 Whale、Boat 和 Purl 依次采用 LMS 算法、多窗谱估计谱减法、自适应小波阈值法、SSDA 网络和提出的 SCSDA 模型的盲去噪结果图。

从图 2－16、图 2－17 和图 2－18 可以看出，LMS 算法在对水下声信号进行降噪处理的过程中，破坏了水下声信号的特征结构，降噪效果不明显。多窗谱估计谱减法、自适应小波阈值法虽保留了一些水下声信号的有用特征，但是却大大削减了水下声信号的振幅，导致音频质量不佳。SSDA 网络起到了一定的降噪效果，但是并未明显保留水下声信号的有用特征。而通过 SCSDA 模型降噪处理后的水下声信号很好地保留了声信号结构特

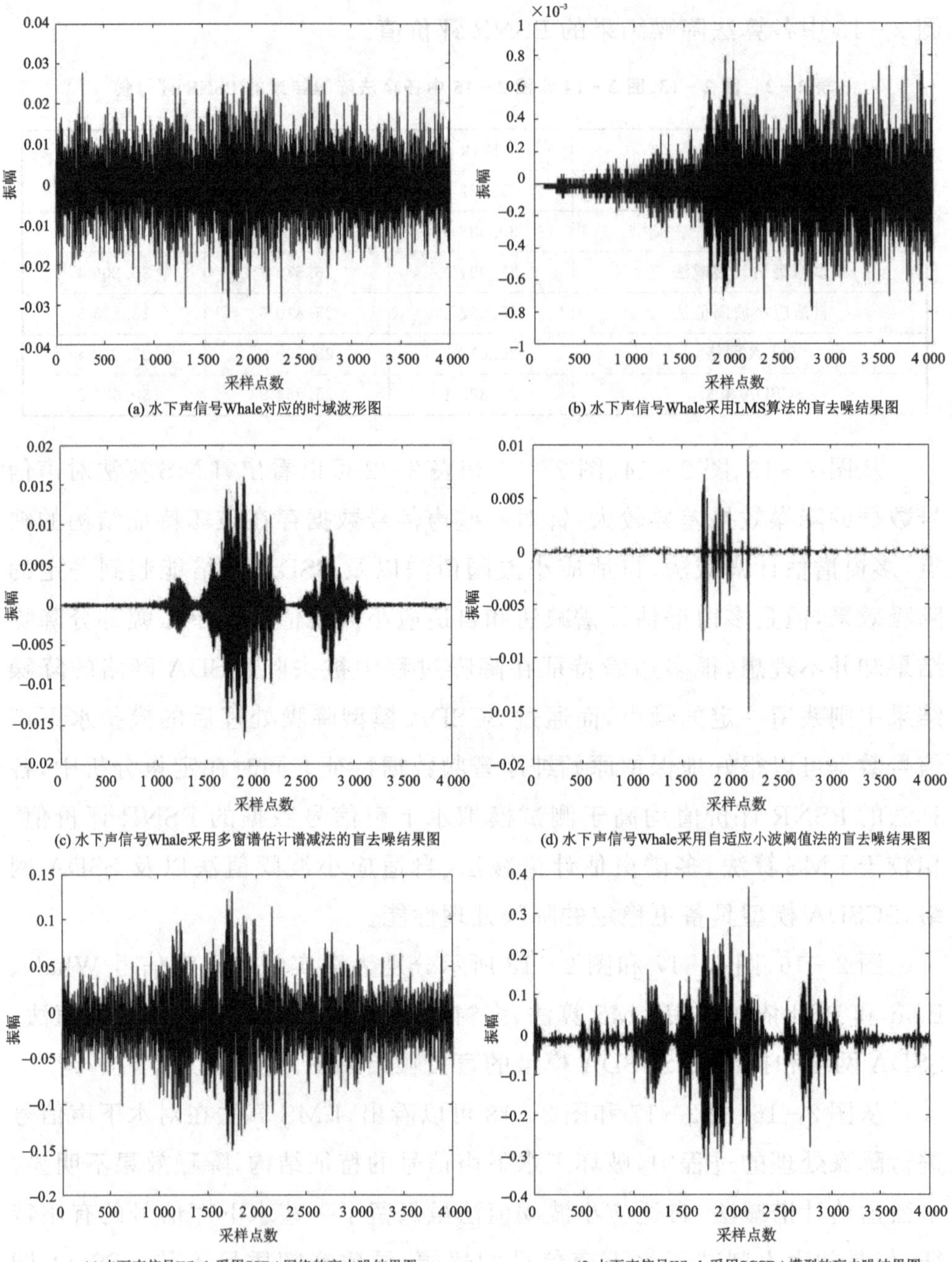

(a) 水下声信号Whale对应的时域波形图

(b) 水下声信号Whale采用LMS算法的盲去噪结果图

(c) 水下声信号Whale采用多窗谱估计谱减法的盲去噪结果图

(d) 水下声信号Whale采用自适应小波阈值法的盲去噪结果图

(e) 水下声信号Whale采用SSDA网络的盲去噪结果图

(f) 水下声信号Whale采用SCSDA模型的盲去噪结果图

图 2-16　水下声信号 Whale 盲去噪结果图

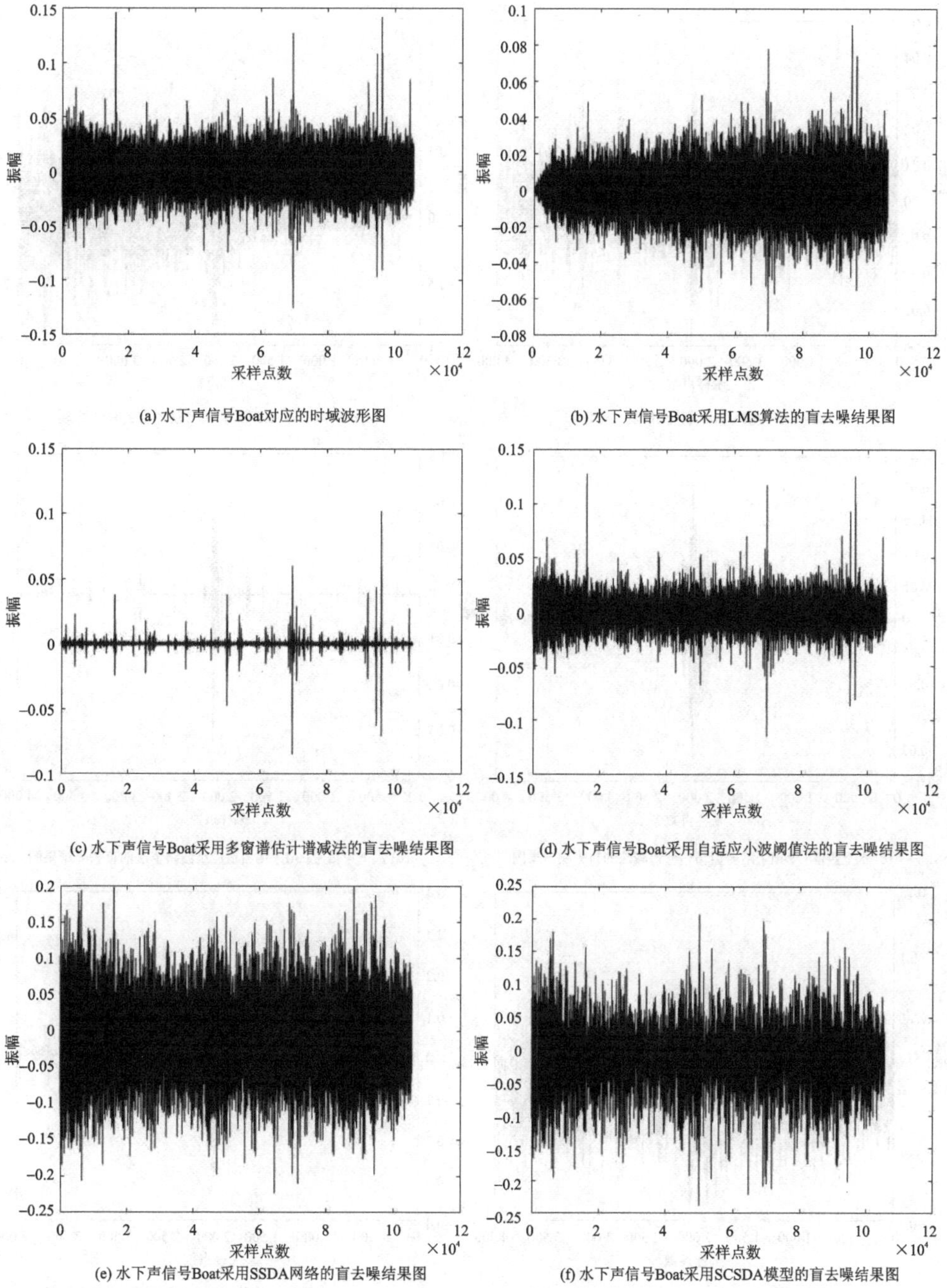

(a) 水下声信号Boat对应的时域波形图

(b) 水下声信号Boat采用LMS算法的盲去噪结果图

(c) 水下声信号Boat采用多窗谱估计谱减法的盲去噪结果图

(d) 水下声信号Boat采用自适应小波阈值法的盲去噪结果图

(e) 水下声信号Boat采用SSDA网络的盲去噪结果图

(f) 水下声信号Boat采用SCSDA模型的盲去噪结果图

图 2-17　水下声信号 Boat 盲去噪结果图

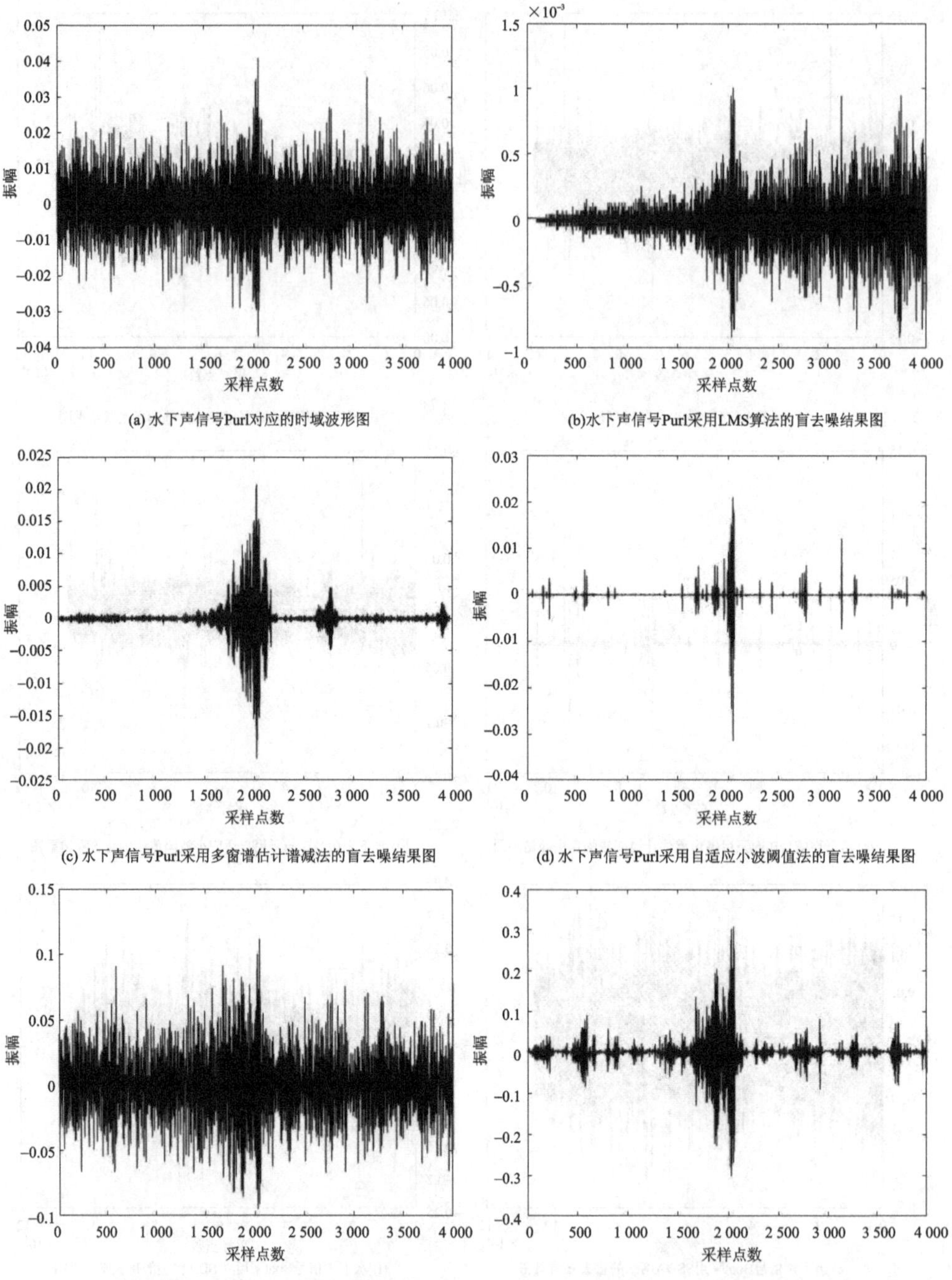

(a) 水下声信号Purl对应的时域波形图

(b)水下声信号Purl采用LMS算法的盲去噪结果图

(c) 水下声信号Purl采用多窗谱估计谱减法的盲去噪结果图

(d) 水下声信号Purl采用自适应小波阈值法的盲去噪结果图

(e) 水下声信号Purl采用SSDA网络的盲去噪结果图

(f)水下声信号Purl采用SCSDA模型的盲去噪结果图

图 2-18 水下声信号 Purl 盲去噪结果图

征且去除了一定的噪声，在此基础上增大了声信号的振幅，使得有用特征更加突出，所以 SCSDA 模型更适于对水下声信号盲去噪处理。

由于水下声信号在获取和传输过程中会受到噪声的污染，无法获取纯净数据，故采用平均意见得分(Mean Opinion Score，MOS)方法[22]对水下声信号的降噪效果做主观的评价。MOS 法先给受众者听一些不同质量的声信号作为参考，再听待测试的水下声信号，根据水下声信号的舒适度和可懂度为待测水下声信号数据打分。表 2-3 所列为 MOS 的打分标准。

表 2-3　MOS 打分标准

MOS 得分	声信号等级	听者感受失真度
5	优	毫无感受
4	良	稍微有感受
3	中	有感受，有点讨厌
2	差	感受明显，感觉讨厌但可容忍
1	坏	不可容忍

表 2-4 所列是图 2-16、图 2-17 和图 2-18 中水下声信号盲去噪结果的 MOS 评价值，实验选取实验室老师和学生作为受众者，对听到的 18 段水下声信号数据进行打分。

表 2-4　水下声信号盲去噪结果的 MOS 评价值

声信号	Whale	Boat	Purl
水下声信号数据	3.2	4.2	3.8
LMS 算法	2.4	4.0	2.3
多窗谱估计谱减法	2.1	2.7	2.0
自适应小波阈值法	2.5	4.3	3.2
SSDA 网络	3.6	4.4	4.0
SCSDA 模型	4.1	4.5	4.3

从表 2-4 中可以看出，SCSDA 的水下声信号降噪结果较好，通过其降噪处理的水下声信号的 MOS 值最高。

2.4.3 水下声呐图像信息数据降噪

为了验证提出的SCSDA模型对水下乘性噪声有较好的去噪效果,采用与PubFig数据集无关的BSD68数据集作为测试纯净图像数据集,分别以强度为0.1、0.2和0.3的乘性散斑噪声进行污染,得到测试模拟水下声呐图像数据集,并与Lee滤波法[23]、K-SVD算法(K-SVD Algorithm)[24]、三维块匹配去噪方法(Block-matching and 3D Method,BM3D)[25]、SSDA网络[11]的降噪结果进行比较,验证SCSDA模型的有效性。

图2-19、图2-20和图2-21所示分别为测试模拟水下声呐图像数据集中模拟水下声呐图像Plane、Stone和Fish的降噪结果。

(a) 纯净图像

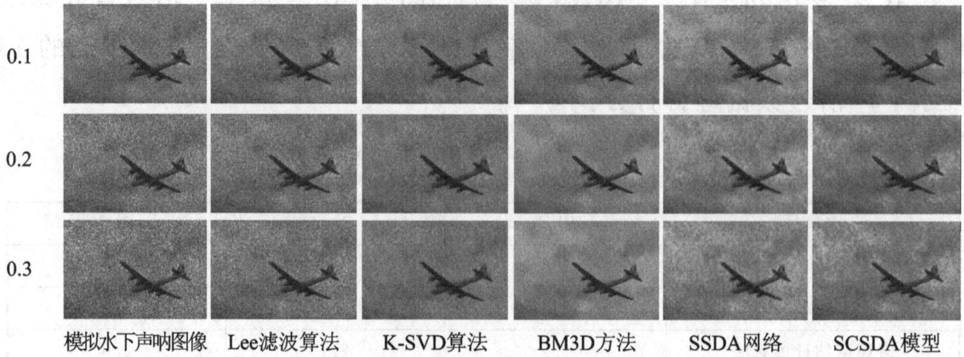

(b) 乘性散斑噪声污染的模拟水下声呐图像

图2-19 模拟水下声呐图像Plane的降噪结果图

为了定量分析降噪结果的性能,表2-5给出了图2-19、图2-20和图2-21中各算法降噪结果的PSNR评价值。

(a) 纯净图像

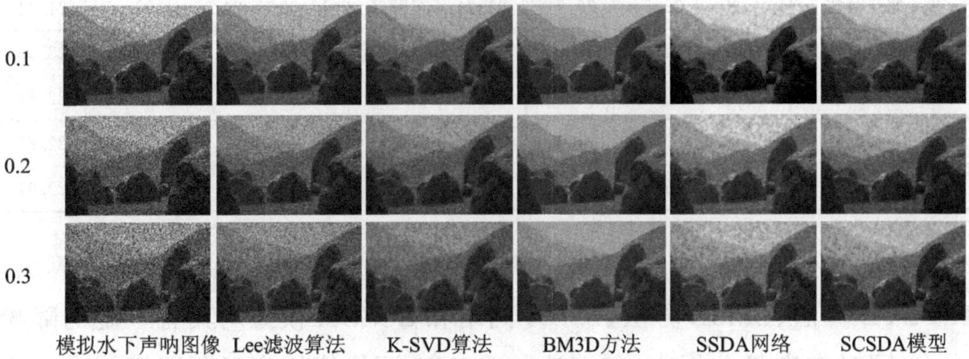

(b) 乘性散斑噪声污染的模拟水下声呐图像

图 2-20　模拟水下声呐图像 Stone 的降噪结果图

(a) 纯净图像

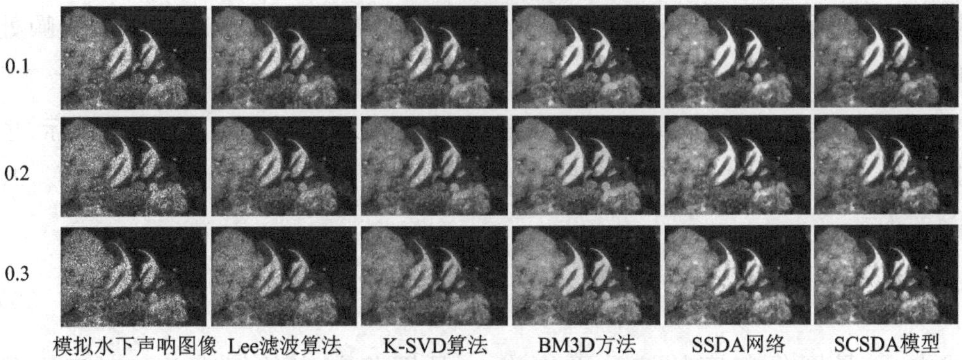

(b) 乘性散斑噪声污染的模拟水下声呐图像

图 2-21　模拟水下声呐图像 Fish 的降噪结果图

表 2-5　图 2-19、图 2-20 和图 2-21 中各算法降噪结果的 PSNR 评价值

图　像	Plane			Stone			Fish		
污染强度	0.1	0.2	0.3	0.1	0.2	0.3	0.1	0.2	0.3
模拟水下声呐图像	16.19	13.34	11.68	15.90	13.16	11.54	18.69	15.94	14.39
Lee 滤波算法	24.95	22.36	20.71	20.94	18.60	17.06	24.55	22.61	21.41
K-SVD 算法	25.63	24.73	23.96	20.83	19.06	17.68	19.37	19.24	18.93
BM3D 方法	30.19	25.50	22.55	24.13	22.28	20.69	25.44	23.87	22.64
SSDA 网络	22.86	22.67	21.51	22.34	23.23	21.80	24.24	23.59	22.83
SCSDA 模型	27.20	29.57	25.31	24.48	24.10	23.17	24.94	24.93	23.91

从图 2-19、图 2-20、图 2-21 以及表 2-5 可以看出，Lee 滤波算法、K-SVD 算法、BM3D 方法、SSDA 网络和 SCSDA 模型均具有一定的降噪能力，同时在定量分析中，各算法的 PSNR 评价值均高于测试模拟水下声呐图像数据的 PSNR 评价值。在所有算法中，SCSDA 模型对模拟水下声呐图像数据具有更好的降噪处理性能，也进一步验证了 SCSDA 模型对乘性噪声具有训练集和测试集不相关的特性。

图 2-22 所示为真实的水下声呐图像数据依次采用 Lee 滤波算法、K-SVD 算法、BM3D 方法、SSDA 网络以及 SCSDA 模型的盲去噪结果。

由于水下声呐图像数据在获取和传输过程中会受到噪声的污染，故无法获取纯净数据，为了定量分析 SCSDA 模型对水下声呐图像数据的盲去噪效果，利用等效视数(Equivalent Number of Looks, ENL)评价降噪处理后的效果。

ENL 是权衡图像数据中乘性散斑噪声相对强度的一种评价指标，也是一种无参考图像评价标准[26]。ENL 值越大，代表图像的质量越好。其定义为

$$\mathrm{ENL}=\frac{\mu}{\sigma} \tag{2-30}$$

式中，μ 是图像灰度的统计平均值；σ 是图像灰度的标准差。对于图像 M，有

$$\mu_M=\sum_{j=0}^{n}\sum_{i=0}^{m}f(x_i,y_i) \tag{2-31}$$

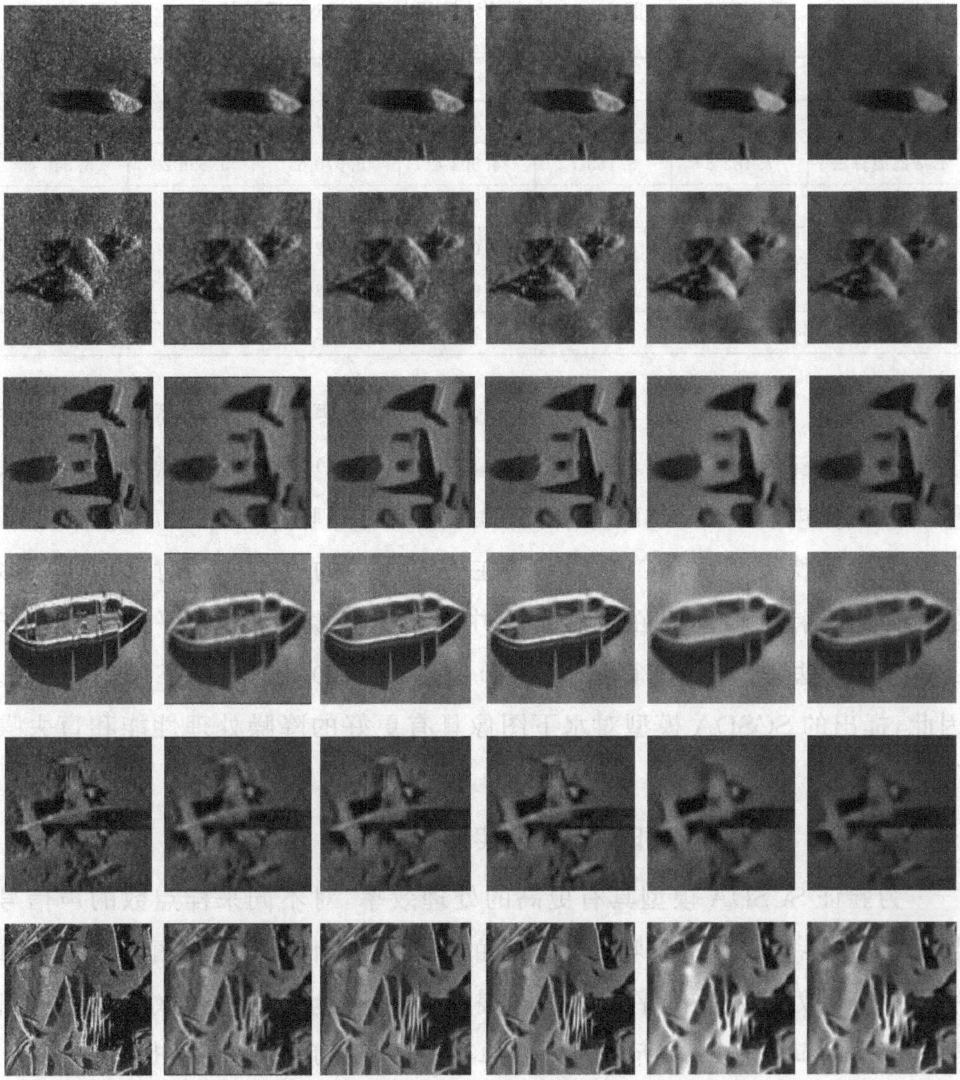

图 2-22　水下声呐图像数据盲去噪结果图

$$\sigma_M = \frac{\sum_{j=0}^{n} \sum_{i=0}^{m} \left[f(x_i, y_i) - \mu_M \right]^2}{m \cdot n} \tag{2-32}$$

表 2-6 所列为图 2-22 中各算法降噪结果的 ENL 评价值。

表 2-6 图 2-22 中各算法降噪结果的 ENL 评价值

算 法	ENL 评价值					
水下声呐图像	5.250 3	4.385 2	4.457 1	4.734 4	4.838 4	2.492 3
Lee 滤波算法	7.482 8	6.155 7	4.902 4	5.570 6	5.866 2	3.240 4
K-SVD 算法	8.298 1	6.714 5	4.903 0	5.381 4	5.822 9	3.116 6
BM3D 方法	8.705 3	6.810 2	5.049 8	5.502 6	5.842 2	3.186 5
SSDA 网络	8.583 0	6.986 8	4.963 7	6.038 7	6.602 6	3.415 1
SCSDA 模型	9.145 3	7.679 5	5.754 1	6.142 6	7.478 6	3.540 4

从图 2-22 和表 2-6 可以看出，由于水下声呐图像有高强度的乘性散斑噪声，在降噪过程中，Lee 滤波算法、K-SVD 算法的降噪结果均含大量的散斑噪声残余，BM3D 方法、SSDA 网络的降噪结果中噪声残余较少，但平滑边缘特征严重，SCSDA 模型在去除大量的噪声的同时保留了更多的图像边缘特征。同时在定量分析中，SCSDA 模型 ENL 评价值均高于 Lee 滤波算法、K-SVD 算法、BM3D 方法和 SSDA 网络的 ENL 评价值。因此，提出的 SCSDA 模型对水下图像具有更好的降噪处理性能和盲去噪能力。

2.4.4 算法运行时间对比实验

为验证 SCSDA 模型具有更高的处理效率，对不同采样点数的声信号数据，计算各算法单次降噪处理所需的平均时间和不同尺寸图像数据各算法单次降噪处理所需的平均时间。表 2-7 所列为声信号单次降噪处理所需的平均时间，表 2-8 所列为图像单次降噪处理所需的平均时间。

表 2-7 声信号单次降噪处理所需的平均时间

s

算 法	采样点数			
	10 000	20 000	30 000	40 000
LMS 算法	0.281 0	0.343 0	0.390 0	0.558 0
多窗谱估计谱减法	0.607 0	0.878 0	1.268 0	1.545 0
自适应小波阈值法	0.672 0	1.084 0	1.316 0	1.579 0
SSDA 网络	0.011 0	0.019 9	0.024 0	0.029 7
SCSDA 模型	0.089 1	0.178 4	0.265 0	0.350 7

表 2-8　图像单次降噪处理所需的平均时间

s

算　法	尺　寸			
	481×321	256×256	150×150	100×100
Lee 滤波法	3.208 0	1.559 0	0.613 4	0.268 4
K-SVD 算法	420.960 6	170.237 5	58.310 6	25.287 0
BM3D 方法	34.853 9	13.927 2	5.370 2	2.165 0
SSDA 网络	0.231 1	0.075 7	0.021 1	0.009 4
SCSDA 模型	2.119 1	0.889 3	0.163 1	0.069 4

从表 2-7 和表 2-8 可以看出，当在相同的硬件环境(64 位 Windows10 操作系统，NVIDIA TITAN Xp 显卡，i7-7820X 处理器，32G 内存以及 tensorflow1.9.0 版本)下运行时，SCSDA 模型处理声信号的平均迭代时间明显优于 LMS 滤波法、多窗谱估计谱减法和自适应小波阈值法。处理图像的平均迭代时间明显优于 Lee 滤波算法、K-SVD 算法和 BM3D 方法。由于 SCSDA 模型包含 3 层 SDA 堆叠构成的 SSDA 网络，故处理声信号和图像的平均迭代时间均略逊于 SSDA 网络。因此，SCSDA 模型能更有效地利用计算资源，降低计算开销。

通过对水下异构信息数据的实验比较分析，验证了基于堆叠式卷积稀疏降噪自编码器的水下异构信息数据降噪方法处理速度较快，具有良好的盲去噪能力，并能较好地保留水下异构信息数据边缘特征，具有一定的鲁棒性和有效性。

本章小结

本章提出一种基于堆叠式卷积稀疏降噪自编码器的水下异构信息数据降噪方法。由于在神经网络降噪模型中训练过程需要含噪数据作为训练集，对应的纯净数据作为训练目标，而水下异构信息数据在获取和传输过程中会受到噪声的污染，无法获取纯净数据，故提出选用无关数据集模拟水下异构信息数据作为训练集；为了统一异构信息数据的输入格式，利用 im2col 方法对异构信息数据进行采样，并进行归一化处理；在此基础上，为了使所选用的无关数据集能完成盲去噪训练，提出构建 SCSDA 模型，以SDA构成SSDA网络，提取模拟水下异构信息数据中的过完备稀疏特征，并将SSDA网络最后一层编码层的输出结果作为CNN的输入构成CNN，以提取模拟水下异构信息数据深层特征，并进一步采用级联微调的方式优化网络参数。提出构建的SCSDA模型具有强稀疏性，对水下异构信息数据的加性噪声有一定的自适应能力，同时模型对水下异构信息数据的乘性噪声具有训练集和测试集不相关的特性；将水下异构信息数据作为测试集输入SCSDA模型，经过反归一化处理及col2im方法处理，从而实现效果较好的水下异构信息数据降噪。通过实验结果分析，验证了此降噪方法处理速度较快，具有良好的盲去噪能力，并能较好地保留水下异构信息数据边缘特征，具有一定的鲁棒性和有效性。

参考文献

[1] Fang Y Y, Sung P J, Hu W C, et al. Underwater noise simulation of impact pile driving for offshore wind farm in Taiwan[J]. Journal of Theoretical and Computational Acoustics, 2019, 27(3):1-16.

[2] 张根伟，彭思龙，曹树亚，等. 基于稀疏表示的离子迁移谱谱图去噪及基线校正算法研究[J]. 光谱学与光谱分析, 2020, 40(1): 75-79.

[3] Chen D S, Chu X M, Ma F, et al. A variational approach for adaptive underwater sonar image denoising[C]// International Conference on Transportation Information and Safety (ICTIS). Banff: IEEE, 2017:1177-1181.

[4] Bhatia V, Rani R. A distributed overlapping community detection model for large graphs using autoencoder[J]. Future Generation Computer Systems, 2019, 94:16-26.

[5] Lv H X, Chen J L, Pan T Y, et al. Hybrid attribute conditional adversarial denoising autoencoder for zero－shot classification of mechanical intelligent fault diagnosis[J]. Applied Soft Computing, 2020, 95:1-12.

[6] Gnouma M, Ladjailia A, Ejbali R, et al. Stacked sparse autoencoder

and history of binary motion image for human activity recognition [J]. Multimedia Tools and Applications, 2019, 78(2):2157-2179.

[7] 刘钢,王慧,王新颖. 基于改进的稀疏降噪自编码网络的三维模型识别方法[J]. 吉林大学学报(理学版), 2018, 64(3):669-675.

[8] Lan R S, Li Z Y, Liu Z B, et al. Hyperspectral image classification using k-sparse denoising autoencoder and spectral-restricted spatial characteristics[J]. Applied Soft Computing, 2019, 74:693-708.

[9] Hinton G E, Osindero S, Teh Y W. A fast learning algorithm for deep belief nets[J]. Neural Computation, 2006, 18(7):1527-1554.

[10] Hinton G E. Learning multiple layers of representation[J]. Trends in Cognitive Sciences, 2007, 11(10): 428-434.

[11] Fan Z L, Bi D Y, He L Y, et al. Low-level structure feature extraction for image processing via stacked sparse denoising autoencoder[J]. Neurocomputing, 2017, 243: 12-20.

[12] Wang P, Sun M Y, Wang H Y, et al. Convolution operators for visual tracking based on spatial-temporal regularization[J]. Neural Computing and Applications, 2020, 32(10):5339-5351.

[13] Zhou R, Guo F M, Azarpazhooh M R, et al. A voxel-based fully convolution network and continuous max-flow for carotid vessel-wall-volume segmentation from 3D ultrasound images[J]. IEEE Transactions on Medical Imaging, 2020, (99): 2844-2856.

[14] Shi Z H, Hao H, Zhao M H, et al. A deep CNN based transfer learning method for false positive reduction[J]. Multimedia Tools and Applications, 2019, 78:1017-1033.

[15] Wang X M, Zhao Y X, Teng X Y, et al. A stacked convolutional sparse denoising autoencoder model for underwater heterogeneous information data[J]. Applied Acoustics, 2020, 167:1-16.

[16] 李英杰,张惊雷. 基于全卷积网络的图像语义分割算法[J]. 计算机应用与软件,2020(8): 213-218.

[17] 徐少平,刘婷云,林珍玉,等. 用于去除随机脉冲噪声的两阶段盲卷积降噪模型[J]. 计算机学报, 2020, 43(9):1673-1690.

[18] Xie Z Q, Yang D, Ma M R, et al. An improved ABC algorithm considering MSE for FISND problem[J]. International Journal of Cooperative Information Systems, 2020, 29:1-19.

[19] Wang J, Fang D, Huang H N, et al. Two new weight initialization strategies of LMS adaptive linear equalizer in underwater acoustic communication[C]// 2010 Second WRI Global Congress on Intelligent Systems. Wuhan:IEEE, 2010: 303-307.

[20] Ramos A L L, Holm S, Gudvangen S, et al. A multi-band spectral subtraction-based algorithm for real-time noise cancellation applied to gunshot acoustics[C]// Sensors, and Command, Control, Communications, and Intelligence (C3I) Technologies for Homeland Security and Homeland Defense XI. International Society for Optics and Photonics, 2013(8711):1-10.

[21] I K K, Hwan R U, Pil C B. An appropriate thresholding method of wavelet denoising for dropping ambient noise[J]. International Journal of Wavelets, Multiresolution and Information Processing, 2017, 16(1):1-16.

[22] Gamper H, Reddy C K A, Cutler R, et al. Intrusive and non-Intrusive perceptual speech quality assessment using a convolutional neural network[C]// IEEE Workshop on Applications of Signal Processing to Audio and Acoustics (WASPAA). New Paltz: IEEE, 2019: 85-89.

[23] Lee J S, Grunes M R, Mango S A. Speckle reduction in multipolarization and multifrequency SAR imagery[J]. IEEE Trans Geosci Remote sensing, 1991, 29(4): 535-544.

[24] Wu D, Du X, Wang K. An effective approach for underwater sonar image denoising based on sparse representation[C]// 2018 3rd

IEEE International Conference on Image，Vision and Computing. Chongqing:IEEE，2018:389-393.

[25] Martino G D，Simone A D，Iodice A，et al. Scattering-based SARBM3D[J]. IEEE Journal of Selected Topics in Applied Earth Observations & Remote Sensing，2016，9(6):2131-2144.

[26] Bouhlel N. Parameter estimation of multilook polarimetric SAR data based on fractional feterminant moments[J]. IEEE Geoscience and Remote Sensing Letters，2019，16(7):1075-1079.

第3章　基于多维特征的深度学习水下声信号目标分类识别方法

深入分析研究Gammatone频率倒谱系数算法和改进的经验模态分解算法，提出构建水下声信号目标多维特征向量。在此基础上，详细叙述GMM和DNN，提出多维特征的深度学习水下声信号目标识别方法。

3.1　构建水下声信号目标多维特征向量

3.1.1　Gammatone频率倒谱系数算法

Gammatone频率倒谱系数(Gammatone Frequency Cepstral Coefficient, GFCC)算法[1,2]是水下声信号目标识别中的主要特征提取算法之一，图3-1所示为GFCC算法流程图。首先对水下声信号进行预处理，包括预加重、分帧、加窗等步骤；然后，为了获得功率谱，采用离散傅立叶变换(Discrete Fourier Transform, DFT)将原始信号从时域转换到频域；再利用Gammatone滤波器组将信号滤波，使得信号从线性频域转到Gammatone频域，并且对滤波后的信号取对数；最后，通过离散余弦变换(Discrete Cosine Transform, DCT)提取GFCC算法特征值。

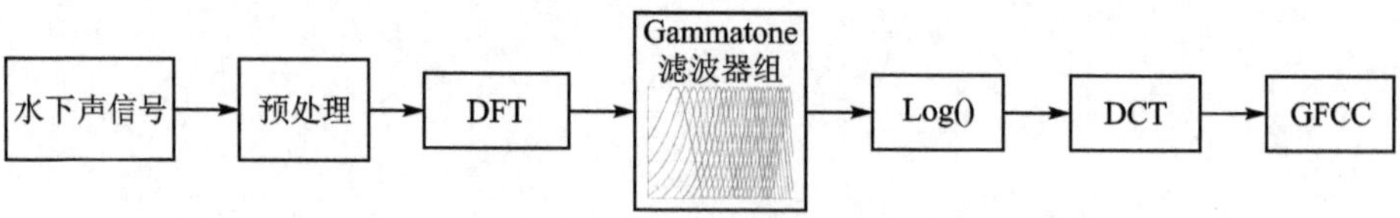

图3-1　GFCC算法流程图

其中预处理的具体步骤如下：

(1) 预加重

在生成声信号的过程中，需要经历采样和量化两个过程，生成的声信号平均功率谱受声门激励等因素的影响，高频部分（800 Hz 以上）会按照 −6 dB/倍频程跌落，所以应先进行预加重，将高频部分补齐，使声信号的频谱变得平坦，便于进行后续的频谱分析。预加重一般在分帧和加窗之前，这样可以有效地压缩信号的动态范围，提高信噪比，预加重一般为一阶形式，具体如下：

$$H(z)=1-\mu z^{-1} \tag{3-1}$$

式中，μ 的值接近于 1，取值范围一般在 0.94 与 0.97 之间，大部分情况下取 0.97。

(2) 分　帧

分帧可以将样本数增加，因为数据量少可能使分类识别模型误差变大，影响识别效果。传统的频谱分析并不适用于非稳态的环境，而水下目标通常是运动的，这就代表信号特性在一段时间内会产生很大的变化，所以提取特征时应对长时间的声信号进行分割，使分成每一帧后的信号是接近稳态的，这样对分帧后的信号进行频谱分析会得到更好的效果。分帧大小的选择十分重要，由于更短的帧有不可靠的谱估计，而长帧的变化太大，故在这种情况下选择帧的大小为 20～30 ms，帧移为 10 ms。

(3) 加　窗

分帧后的信号每帧的开始和结束是不连续的，这就会与水下声信号产生误差，加窗是为了解决这个问题而引入的。将分帧后的声信号与窗函数相乘可以平滑信号两端的衰减，让每帧信号幅度在开始和结束处渐变为 0，提高频谱分析的分辨率。窗函数的长短由信噪比决定，信噪比高时选择较短的窗函数，信噪比低时选择较长的窗函数。

窗函数一般可以选择矩形窗、汉明(hamming)窗、汉宁窗三种[3]。

矩形窗为

$$w(n)=\begin{cases}1, & 0\leqslant n\leqslant N-1\\ 0, & \text{其他}\end{cases} \tag{3-2}$$

汉明窗为

$$w(n)=\begin{cases}0.54-0.46\cos[2\pi n/(N-1)], & 0\leqslant n\leqslant N-1\\ 0, & \text{其他}\end{cases} \tag{3-3}$$

汉宁窗为

$$w(n)=\begin{cases}0.5[1-\cos(2\pi n/(N-1))], & 0\leqslant n\leqslant N-1\\ 0, & \text{其他}\end{cases} \tag{3-4}$$

汉宁窗和汉明窗可以统一定义为

$$w(n)=\begin{cases}(1-\alpha)-\alpha\cos[2\pi n/(N-1)], & 0\leqslant n\leqslant N-1\\ 0, & \text{其他}\end{cases} \tag{3-5}$$

式中,汉明窗对应的 $\alpha=0.46$,汉宁窗对应的 $\alpha=0.5$,N 为窗口长度。

本章选取汉明窗作为窗函数进行滤波。

Gammatone 滤波器起初用来描述听觉系统中的脉冲响应函数的形状,之后应用在耳蜗听觉模型中用于滤波,从而模拟人耳听觉频率响应。具体来说,Gammatone 滤波器是一个具有无限长序列冲激响应的因果滤波器,在滤波器组中,每个 Gammatone 滤波器 i 的时域脉冲响应可以看成 Gamma 函数和声信号的乘积,定义为

$$g_i(t)=t^{n-1}\exp(-2\pi b_i t)\cos(2\pi f_i+\varphi_i)u(t),\quad 1\leqslant i\leqslant N \tag{3-6}$$

式中,n 为滤波器的阶数;b_i 表示滤波器的衰减因子;f_i 表示单位为 Hz 的中心频率;φ_i 代表滤波器的相位;$u(t)$ 为阶跃函数,N 表示滤波器的总个数。

离散傅里叶变换 DFT 定义为[4]

$$x(k)=\sum_{t=0}^{M_S-1}x(t)\mathrm{e}^{-\mathrm{j}2\pi tk/M_S},\quad 0\leqslant k\leqslant M_S \tag{3-7}$$

在水下声信号特征提取过程中,为了模拟人耳听觉特性,每个滤波器的带宽由人耳的临界频带决定。临界频带具体为

$$\mathrm{ERB}(f_i)=24.7\times(4.37f_i/1\,000+1) \tag{3-8}$$

式中,f_i 为中心频率。由临界频带得到 Gammatone 滤波器组中每个子带滤波器的带宽 $b_i=1.019\mathrm{ERB}(f_i)$。

能谱 $E_S(i)$ 定义为

$$E_S(i)=\ln\left[\sum_{k=0}^{Q-1}|x(k)|^2 g_i(k)\right] \tag{3-9}$$

式中，Q 是过滤器的数量，$i=1,2,\cdots,Q$；$\{k_{b_i}\}_{i=0}^{Q+1}$ 是过滤器的边界。

最后结合 DCT 计算滤波器组的对数，有

$$\mathrm{GFCC}(n)\sum_{k=0}^{Q-1}E_S(l)\cos\left(\frac{\pi n(i-0.5)}{Q}\right),\quad 0\leqslant n\leqslant Q-1 \tag{3-10}$$

3.1.2　改进的经验模态分解算法

改进的经验模态分解（Modified Empirical Mode Decomposition，MEMD）算法是基于经验模态分解算法的改进算法[5]，它是基于局部特征的信号分解方法，该方法利用小波变换的优点，同时解决了小波变换中小波基的选取和分解尺度的确定问题。因此，它更适合于非线性和非平稳信号的分析。MEMD 算法是一种自适应信号分解方法，可用于水下声信号目标的分析。根据经验模态分解算法的定义，假设所有复杂信号都由简单的固有模态函数（Intrinsic Mode Function，IMF）组成，且每个 IMF 相互独立，通过 MEMD 算法逐步分解水下声信号的不同尺度或趋势分量，将产生一系列具有相同特征尺度的数据序列。与水下声信号相比，该分解序列具有较强的规律性。

2017 年 Rajib Sharma 等[6]提出分别为对声信号 $S(t)$ 求解 i 阶极值点的 M1 - EMD，对其中的残余信号 $r(t)$ 求解 i 阶极值点的 M2 - EMD，对剩余信号 $h(t)$ 求解 i 阶极值点的 M3 - EMD，其中，$i=1,\cdots,4$。具体应用在水下声信号的 MEMD 算法流程如图 3 - 2 所示。

假设水下声信号为 $S(t)$，残余信号的初始值为 $r_0(t)=S(t)$，每一次分解所得到的剩余信号为 $h_k(t)$，如果假设经过 M 步分解成功，则最终可以得到：

$$S(t)=r_M(t)+\sum_{k=1}^{M}h_k(t) \tag{3-11}$$

式中，剩余信号 $h_k(t)$ 又可以叫作固有模态函数 IMFs，其中 k 表示第 k 阶 IMFs，到目前为止所提到的残余信号 $r_0(t)$ 和 $r_M(t)$ 均为外残余信号，与内残余信号不同的外残余信号最终会被保留下来。

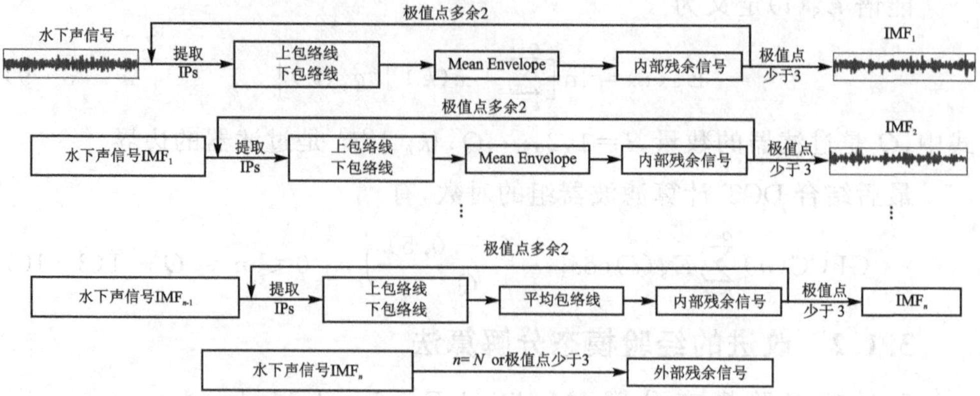

图 3-2 MEMD 算法流程图

具体步骤为：

① 设置内部循环的最大次数 L，并使每一阶的剩余信号的初始值等于上一阶的残余信号：

$$h_k^0(t)=r_{k-1}(t) \tag{3-12}$$

② 计算信号插值点的时刻以构建上包络线和下包络线，即分别获得 $t_{\max}$ 和 $t_{\min}$。

③ 通过步骤②求得所对应时刻的振幅，即

$$y_{\max}=h_k^{m-1}(t_{\max}),\quad y_{\min}=h_k^{m-1}(t_{\min}) \tag{3-13}$$

式中，m 为内部循环的次数。

④ 根据步骤②和③求得的点集，采用三次样条插值法来构建上包络线 $e_{\max}(t)$ 和下包络线 $e_{\min}(t)$，并且求其均值，即

$$e(t)=\frac{e_{\max}(t)+e_{\min}(t)}{2} \tag{3-14}$$

⑤ 计算第 m 次的内部剩余信号，即

$$h_k^m(t)=h_k^{m-1}(t)-e(t) \tag{3-15}$$

如果 m 等于 L，或者 $e(t)$ 仅有两个以下的过零点则停止循环，否则返回步骤②。

⑥ 最终求得第 k 阶外部剩余信号和外部残余信号，即

$$h_k(t)=h_k^m(t) \tag{3-16}$$

$$r_k(t)=r_{k-1}(t)-h_k(t) \tag{3-17}$$

⑦ 返回步骤①，求解 $k+1$ 阶外部剩余信号直到 $k=M$，或者 $r_k(t)$ 仅有两个以下的过零点则停止循环，最终利用公式(3-9)求得 IMFs。

M1-EMD、M2-EMD、M3-EMD 以及 EMD 的区别在于步骤②求解插值点对应时刻的方法，具体如下：

M1-EMD(d^i)：

$$\left.\begin{aligned} z(t) &= \frac{\mathrm{d}^i}{\mathrm{d}t^i} S_k^{m-1}(t) \\ t_{\max} &= \left[t : \frac{\mathrm{d}}{\mathrm{d}t} z(t) = 0, \frac{\mathrm{d}^2}{\mathrm{d}t^2} z(t) < 0\right] \\ t_{\min} &= \left[t : \frac{\mathrm{d}}{\mathrm{d}t} z(t) = 0, \frac{\mathrm{d}^2}{\mathrm{d}t^2} z(t) > 0\right] \end{aligned}\right\} \tag{3-18}$$

M2-EMD(d^i)：

$$\left.\begin{aligned} z(t) &= \frac{\mathrm{d}^i}{\mathrm{d}t^i} r_k^{m-1}(t) \\ t_{\max} &= \left[t : \frac{\mathrm{d}}{\mathrm{d}t} z(t) = 0, \frac{\mathrm{d}^2}{\mathrm{d}t^2} z(t) < 0\right] \\ t_{\min} &= \left[t : \frac{\mathrm{d}}{\mathrm{d}t} z(t) = 0, \frac{\mathrm{d}^2}{\mathrm{d}t^2} z(t) > 0\right] \end{aligned}\right\} \tag{3-19}$$

M3-EMD(d^i)：

$$\left.\begin{aligned} z(t) &= \frac{\mathrm{d}^i}{\mathrm{d}t^i} r_k^{m-1}(t) \\ t_{\max} &= \left[t : \frac{\mathrm{d}}{\mathrm{d}t} z(t) = 0, \frac{\mathrm{d}^2}{\mathrm{d}t^2} z(t) < 0\right] \\ t_{\min} &= \left[t : \frac{\mathrm{d}}{\mathrm{d}t} z(t) = 0, \frac{\mathrm{d}^2}{\mathrm{d}t^2} z(t) > 0\right] \end{aligned}\right\} \tag{3-20}$$

EMD：

$$\left.\begin{aligned} z(t) &= \frac{\mathrm{d}}{\mathrm{d}t} h_k^{m-1}(t) \\ t_{\max} &= \left[t : \frac{\mathrm{d}}{\mathrm{d}t} z(t) = 0, \frac{\mathrm{d}^2}{\mathrm{d}t^2} z(t) < 0\right] \\ t_{\min} &= \left[t : \frac{\mathrm{d}}{\mathrm{d}t} z(t) = 0, \frac{\mathrm{d}^2}{\mathrm{d}t^2} z(t) > 0\right] \end{aligned}\right\} \tag{3-21}$$

对于 M3 - EMD，当 $i=1$ 时为 EMD。本章采用的是 3 阶 M3 - EMD，即

$$\left.\begin{aligned} z(t) &= \frac{\mathrm{d}^3}{\mathrm{d}t^3} h_k^{m-1}(t) \\ t_{\max} &= \left[t : \frac{\mathrm{d}}{\mathrm{d}t} z(t) = 0, \frac{\mathrm{d}^2}{\mathrm{d}t^2} z(t) < 0 \right] \\ t_{\min} &= \left[t : \frac{\mathrm{d}}{\mathrm{d}t} z(t) = 0, \frac{\mathrm{d}^2}{\mathrm{d}t^2} z(t) > 0 \right] \end{aligned}\right\} \tag{3-22}$$

通过 MEMD 算法，水下声信号最终被分解为 IMFs 和外部残余信号 $r_M(t)$，而 $r_M(t)$ 一般没有波动性，通常可以忽略，所以水下声信号可以近似由 IMFs 组成。为进一步提取水下声信号的特征，将第 5 阶 IMFs 映射至希尔伯特空间，通过希尔伯特黄变换（Hilbert - Huang Transform，HHT）[7,8] 提取瞬时能量和瞬时频率。

HHT 的公式为

$$H(t)\ \frac{1}{\pi}\int_{-\infty}^{+\infty} \frac{\hat{H}(\tau)}{t-\tau}\mathrm{d}\tau \tag{3-23}$$

式中，$\hat{H}(\tau)$ 表示 IMFs。

对 IMFs 进行解析可以得到解析信号 $V(t)$，具体为

$$V(t) = \hat{H}(t) + \mathrm{j}H(t) = a(t)\mathrm{e}^{\mathrm{j}\vartheta(t)} \tag{3-24}$$

式中，$a(t)$ 为 $H(t)$ 的模；j 为虚数单位。

$a(t)$ 可以描述为

$$a(t)\ \sqrt{H(t)^2 + \hat{H}(t)^2} \tag{3-25}$$

$\vartheta(t)$ 是 $H(t)$ 的幅角，具体为

$$\vartheta(t) = \arctan\left[\frac{\hat{H}(t)}{H(t)}\right] \tag{3-26}$$

瞬时能量 IE 可由振幅 $a(t)$ 得到，即

$$\mathrm{IE} = a^2(t) \tag{3-27}$$

瞬时频率 IF 可由幅角 $\vartheta(t)$ 得到，即

$$\mathrm{IF} = f(t) = \frac{1}{2\pi}\ \frac{\mathrm{d}\vartheta(t)}{\mathrm{d}t} \tag{3-28}$$

3.1.3　构建多维特征向量

由于水下环境错综复杂，单一的特征难以准确描述水下声信号目标的全部特征，为了能较好地提取水下声信号特征，提出一种新的构建水下声信号多维特征向量的方法，即分别从 GFCC 算法，MEMD 算法分解得到的第 5 阶 IMFs 在希尔伯特空间中的瞬时能量和瞬时频率三个维度进行特征向量的构建。

图 3－3 所示是具体的多维特征向量构建过程图，在提取水下声信号的 GFCC 算法特征的同时，MEMD 算法分解提取到第 5 阶 IMFs 在希尔伯特空间中的瞬时能量 IE 和瞬时频率 IF，对 IE 和 IF 进行降维，最终 GFCC 算法特征与降维后的 IE、IF 三个维度的特征结合构建多维特征向量[9]。

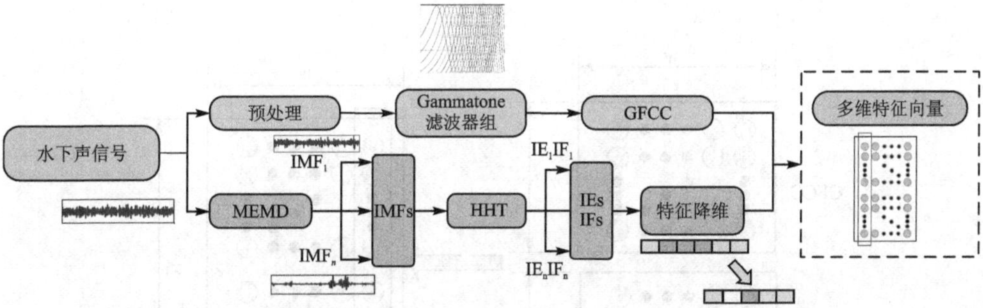

图 3－3　多维特征向量构建过程图

全局特征向量 $\overrightarrow{g_i}$ 可以表示为

$$\overrightarrow{g_i} = \{G_i(t), a_i^2(t), f_i(t)\} \tag{3-29}$$

式中，t 为时间序列，通常由采样点表示；$G_i(t)$ 为时间 j 的 GFCC 算法特征值；$a_i^2(t)$ 是时间 i 的瞬时能量；$f_i(t)$ 为时间 i 的瞬时频率。

由于 GFCC 算法特征在预处理过程中进行分帧操作，而 IE 与 IF 在求解过程中是在现有的时间序列上 HHT 提取瞬时能量 IE 和瞬时频率 IF，结果导致 IE 和 IF 的时间序列长于 GFCC 算法特征，所以整个特征向量存在大量的冗余特征，并且不在同一个时间维度上，因此需要对 IE 和 IF 进行降维，调整 GFCC 算法特征的权重，使之与 IE 和 IF 加起来相同。降维方法的结构示意图如图 3－4 所示。

图 3-4 中浅灰色框为一维特征(IE 或者 IF),深灰色框为降维的区域称作合并域,合并域的大小和步长与 GFCC 算法特征分帧时的帧长和步长相同。合并域中使用的方法有三种,分别为取深灰色区域的最大值,取深灰色区域的平均值,以及随机取深灰色区域中的任意一个值。将多维特征进行融合,图 3-5 所示是多维特征向量的结构示意图,特征向量按照相同的时间序列排序,保证相同的顺序。

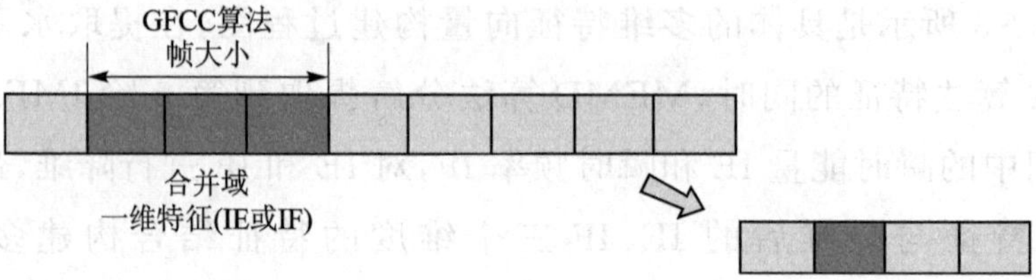

图 3-4　降维方法的结构示意图

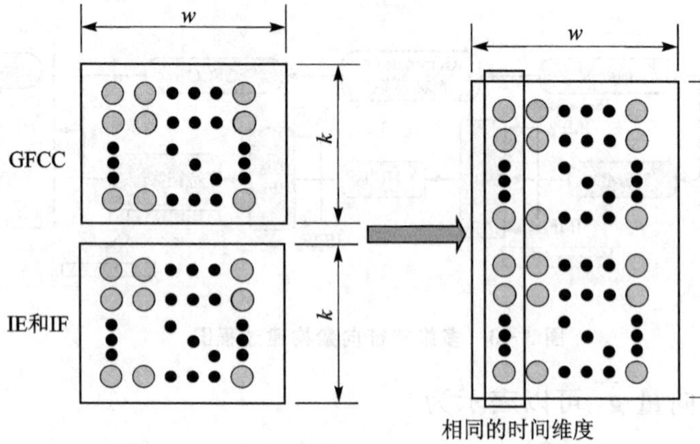

图 3-5　多维特征向量的结构示意图

构建多维特征向量方法的具体过程如下所示。

算法 3-1　构建多维特征向量方法。

输入:水下声信号 $s(t)$;

输出:多维特征向量;

初始化:M_S(DFT 中的采样点),Q(过滤器数),$i=1,2,\cdots,Q$,$\{k_{b_i}\}_{i=0}^{Q+1}$,N,M;

过程：

① 使 $x(t) \leftarrow s(t)$；

② 使用式(3-7)计算 $x(k)$；

③ 使用式(3-8)计算 ERB；

④ 使用式(3-9)计算能谱 $E_S(l)$；

⑤ 计算 k_{b_i}；

⑥ 使用式(3-10)计算 GFCC 算法特征；

⑦ 使 $r_0(t) \leftarrow s(t), h_k^0(t) \leftarrow r_{k-1}(t)$；

⑧ 使 $m \leftarrow 1$，设定阈值 M 或外部残差信号 $r_k(t)$ 的极值是 2 或更少；

⑨ 令 $n \leftarrow 1$；

⑩ 通过计算极值点获得 $t_{\max}$ 和 $t_{\min}$；

⑪ 计算 $h_k^{n-1}(t)$；

⑫ $y_{\max} \leftarrow h_k^{n-1}(t), y_{\min} \leftarrow h_k^{n-1}(t_{\min})$；

⑬ 构建上包络线 $e_{\max}(t)$，采用三次样条插值法，其中极值点 IP 为 $\{t_{\max}, y_{\max}\}$；

⑭ 构建下包络线 $e_{\min}(t)$，采用三次样条插值法，其中极值点 IP 为 $\{t_{\min}, y_{\min}\}$；

⑮ 求解平均包络 $e(t) \leftarrow \dfrac{e_{\max}(t) + e_{\min}(t)}{2}$；

⑯ $h_k^n(t) \leftarrow h_k^{n-1}(t) - e(t)$；

⑰ $h_k(t) \leftarrow h_k^N(t), r_k(t) \leftarrow r_{k-1}(t) - h_k(t)$；

⑱ 分解结果：$s(t) \leftarrow r_M(t) + \sum^{M} h_k(t)$，$h_k(t)$ 是 IMF 的第 k 阶；

⑲ 对 IMF 使用降维方法；

⑳ 使用式(3-23)计算 $H(t)$；

㉑ 使用式(3-27)和式(3-28)计算 IE 和 IF；

㉒ 使用式(3-29)完成多维特征向量构建。

3.2　基于多维特征的深度学习分类识别方法

为了提高水下声信号目标分类识别精度，提出基于多维特征的深度学习分类识别方法(A Method with Combination of Multi-dimensional Fusion Features and Modified Deep Neural Network, MFF-MDNN)。在构建水下声信号目标多维特征向量的基础上,由于选取多个维度的特征,直接采用DNN会存在冗余特征导致一定的抑制作用,并且会使网络模型过大浪费计算资源,故提出一种基于高斯混合模型的深度神经网络(Modified Deep Neural Network, MDNN)算法,使用GMM对多维特征向量进行建模,将GMM的倒数第二层作为DNN的输入,这样可以有效解决多维特征向量给DNN带来冗余特征的问题。

3.2.1 高斯混合模型

GMM作为一种概率生成式模型,有强大的数据适应能力。GMM将声信号作为多变量高斯概率密度函数的加权和来进行建模,然后对当前样本可能出现的后验概率进行计算,通过概率完成分类的任务[10]。针对水下声信号建模的GMM方法已经成为水下声信号目标识别建模的标准选择[11]。GMM方法通过高斯混合密度对特征向量的分布进行建模,该模型将不同的数据点作为高斯分布混合的一部分,但参数未知。计算的参数包括高斯分布的均值向量,协方差矩阵和混合权重。初始参数采用LBG(Linde,Buzo,Gray)算法[12]。每类水下目标的最终模型都是通过期望最大化算法(Expectation Maximization Algorithm, EM)[13]获得。

GMM最终将声信号分解为多个高斯模型,可以把声信号看成由混合度为D个高斯分量加权构成,其参数具体表达为$\lambda=\{w_i,\mu_i,\Sigma_i,i=1,2,\cdots,D\}$,则在参数为$\lambda$的条件下概率输出为

$$p(\boldsymbol{X}\mid\lambda)=\sum_{i=1}^{D}w_i b_i(\boldsymbol{X}) \tag{3-30}$$

在建立GMM的过程中,首先要对模型参数初始化,LBG算法采用欧氏距离进行度量,具体步骤为

① 读取特征向量$\boldsymbol{X}=\{\boldsymbol{x}_t,t=1,2,\cdots,T\}$,设置每次迭代改进的阈值和最大迭代次数分别为$\delta$和$Q$。

② 在全部的特征向量中随机挑选与混合数数目相同的特征向量$\boldsymbol{x}_t$,$t=1,2,\cdots,M$作为均值向量,也就是每类中心值的初始值$z_i^{(0)}$,$i=1,2,$

$\cdots, M$，畸变初值 $D^{(0)}=\infty$，当前迭代次数 $q=1$。

③ 进行 q 次迭代后，依据最近邻准则将 $\boldsymbol{X}$ 分到 M 个子集 $S_i^{(q)}$，$i=1, 2, \cdots, M$ 中，即当 $\boldsymbol{x}_t \in S_i^{(q)}$ 时满足：

$$d(\boldsymbol{x}_t, z_i^{(q-1)}) < d(\boldsymbol{x}_t, z_j^{q-1}), \quad \forall j, j \neq i \tag{3-31}$$

④ 总畸变 $D^{(q)}$ 为

$$D^{(q)} = \sum_{i=1}^{M} \sum_{x_t \in S_i^{(q)}} d(x_t, z_i^{q-1}) \tag{3-32}$$

⑤ 畸变变化量 $\Delta D^{(q)}$ 的相对值 $\delta^{(q)}$ 为

$$\delta^{(q)} = \frac{\Delta D^{(q)}}{D^{(q)}} = \frac{|D^{(q-1)} - D^{(q)}|}{D^{(q)}} \tag{3-33}$$

⑥ 新的类中心值 $z_i^{(q)}$，$i=1,2,\cdots,M$ 为

$$z_i^{(q)} = \frac{1}{N_i} \sum_{x_i \in S_i^{(q)}} \boldsymbol{x}_t \tag{3-34}$$

⑦ 判断是否 $\delta^{(q)} < \delta$，若是，执行⑨；否则，执行⑧。

⑧ 判断是否 $q < Q$，若是，令 $q=q+1$，执行③；否则，执行⑨。

⑨ 迭代终止，计算权重 $w_i^{(q)} = \dfrac{N_i}{T}$，其中 N_i 是属于第 $S_i^{(q)}$ 点的特征向量个数，标准差为

$$\sigma_i^{(q)} = \sqrt{\frac{1}{N_i} \sum_{x_t \in S_i^{(q)}} (\boldsymbol{x}_t^2 - z_i^{(q)} * z_i^{(q)})} \tag{3-35}$$

⑩ 输出 M 个高斯函数的权重 $w_i^{(q)}$、均值 $z_i^{(q)}$ 和标准差 $\sigma_i^{(q)}$，$i=1, 2, \cdots, M$。

通过 LBG 算法完成模型的初始化之后，在初始模型的基础上完成模型参数的更新。GMM 所采用的模型参数估计的方法是最大似然估计(Maximum Likehood, ML)[14]。将提取出的训练数据特征向量序列表示为 $\boldsymbol{X}=\{\boldsymbol{x}_t\}$，$t=1,2,\cdots,T$，似然概率为

$$P(\boldsymbol{X} \mid \lambda) = \prod_{t=1}^{T} P(\boldsymbol{x}_t \mid \lambda) \tag{3-36}$$

其对数似然概率为

$$P(\boldsymbol{X} \mid \lambda) = \sum_{t=1}^{T} \lg\{P(\boldsymbol{x}_t \mid \lambda)\} \tag{3-37}$$

将式(3-37)带入高斯密度函数,得

$$P(\boldsymbol{X} \mid \lambda)=\sum_{t=1}^{T} \lg \left\{\sum_{i=1}^{M} w_{i} N_{i}\left(\boldsymbol{x}_{t}, \mu_{i}, \Sigma_{i}\right)\right\} \tag{3-38}$$

ML 估计是根据提取出的训练数据特征向量序列,不断将模型参数进行调整,直到似然概率 $P(\boldsymbol{X}|\lambda)$ 取得最大值。假设似然函数取得最大值时模型参数为 λ_i,则 λ_i 的值为

$$\lambda_{i}=\arg \max P(\boldsymbol{X} \mid \lambda) \tag{3-39}$$

采用 EM 算法迭代求解 λ_i。EM 算法针对的是观测数据不完备时的模型参数估计问题。假设提取特征向量数据是不完备的,在给定特征向量数据和模型参数的情况下,可以估计未知完备特征向量数据集合的参数。经过这样的处理,可以获得很多数据及对应的似然度值,这就是 EM 算法中的 E 步骤;而 M 步骤则是通过使似然概率的值最大来求得模型参数值的过程。采用 EM 算法估计 GMM 的参数包含如下步骤:

① 使用 LBG 算法将 x 预先分成 M 类,其中每类的样本个数为 N^l,样本为 $x^l, l=1,2,\cdots,M$。

求解其初始化参数,有

$$\lambda_{l}^{0}=1/N^{l} \tag{3-40}$$

$$\mu_{l}^{0}=\operatorname{mean}\left(x^{l}\right) \tag{3-41}$$

$$\sum\nolimits_{l}^{0}=\frac{\left(x^{l}-\mu_{l}^{0}\right)^{T}\left(x^{l}-\mu_{l}^{0}\right)}{N^{l}-1} \tag{3-42}$$

② E 步骤,在初始模型参数基础上,计算特征向量对高斯混合模型的后验概率,也就是高斯混合模型中各个单独的高斯函数的占有率为

$$p(x, \theta)=\frac{\lambda_{l} p\left(x \mid \theta_{l}\right)}{\sum_{i=1}^{M} \lambda_{i} p\left(x \mid \theta_{i}\right)} \tag{3-43}$$

③ M 步骤,通过后验概率计算新的参数 $\theta=(M, \lambda, \mu, \Sigma)$。

④ 不断进行 E 步骤和 M 步骤,直到模型收敛。

3.2.2 深度神经网络

DNN 是基于感知机模型而提出的深层次网络结构[15,16],它通过在原始感知机模型的单层结构中加入多个隐藏层来增加 DNN 的表达能力,此

外，它的输出层可以有多个输出，可用于多分类问题和回归问题等，并且它通过增加每层之间的激活函数，使原来的线性激活函数变为非线性激活函数，进一步增加了 DNN 的表达能力。DNN 的结构示意图如图 3-6 所示。

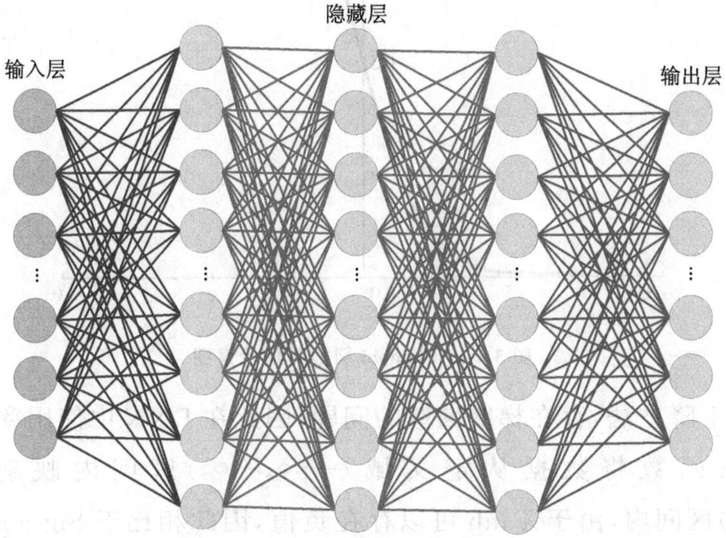

图 3-6　DNN 结构示意图

DNN 为黑盒模型，中间所有层被称为隐藏层，下面将从激活函数、损失函数以及训练方法三个方面详细阐述 DNN。

(1) 激活函数

激活函数是 DNN 中重要的组成部分，它起到了非常重要的作用，DNN 可以进行非线性学习最主要的原因就是非线性激活函数的引入，激活函数使得神经网络可以学习非线性特征，进而逼近任何非线性函数，常见的激活函数有 Sigmoid，Tanh 和 ReLU 等。

Sigmoid 函数将数据从定义域 $(-\infty, +\infty)$ 区间内映射到值域 $(0, +1)$ 区间内，具体表示为[17]

$$f(z)=\frac{1}{1+\mathrm{e}^{-z}} \tag{3-44}$$

几何示意图如图 3-7 所示。

Sigmoid 是最早引入非线性激活函数的，但是由于神经网络训练的基

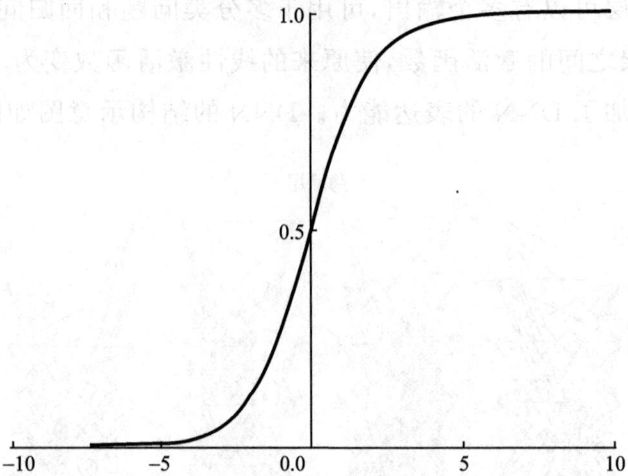

图 3-7 Sigmoid 函数几何示意图

础是梯度下降方法，存在梯度消散的问题，因此在 DNN 中使用率不高。

Tanh 函数将数据从定义域 $(-\infty,+\infty)$ 区间内映射到值域 $(-1,+1)$ 区间内，由于 Tanh 可以存在负值，因此相比于 Sigmoid 函数较为常见，具体表示为[18]

$$g(z)=\frac{e^{z}-e^{-z}}{e^{z}+e^{-z}} \tag{3-45}$$

几何示意图如图 3-8 所示。

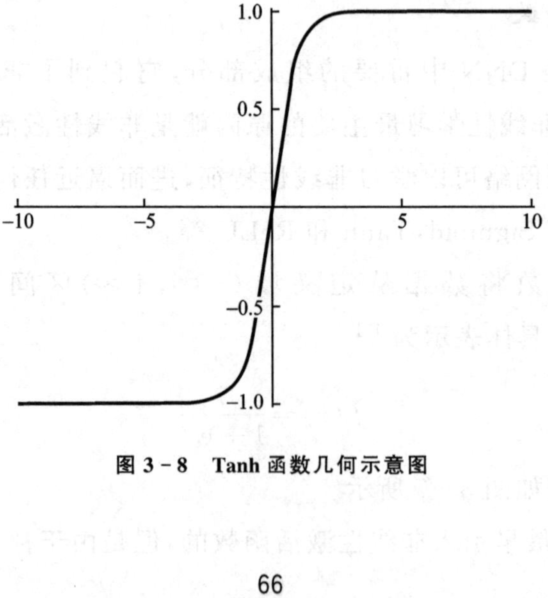

图 3-8 Tanh 函数几何示意图

Tanh 函数相比于 Sigmoid 函数最显著的特点是原点附近可以看作线性的，并且均值为 0 而非 0.5，因此相比于 Sigmoid 函数会有更好的表现。但是同样由于神经网络的训练方法一般为梯度下降方法，所以会存在梯度消散的问题。

相比于 Sigmoid 函数和 Tanh 函数，ReLU 函数在 DNN 中的应用比较广泛，本章的激活函数选用 ReLU 函数。它有很多种变形，如 Leaky ReLU，PReLU 等，由于 ReLU 函数是分段函数，故避免了神经网络带来的梯度消散问题，ReLU 函数的具体表示为[19]

$$R(z)=\begin{cases} z, & z \geqslant 0 \\ 0, & z < 0 \end{cases} \tag{3-46}$$

几何示意图如图 3-9 所示。

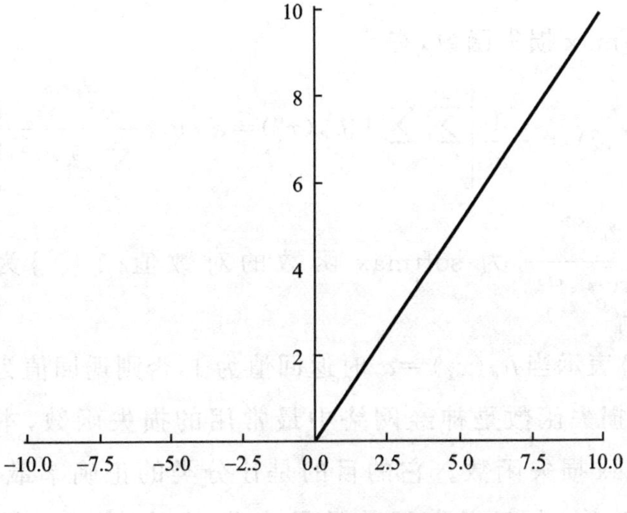

图 3-9　ReLU 函数几何示意图

当输入的特征值为正数时，ReLU 函数解决了梯度消散问题，而且由于分段线性的特点，ReLU 函数的计算速度要快很多。

(2) 损失函数

损失函数是针对 DNN 训练集定义的，它是所有样本的误差均值，也是整个 DNN 学习的目标，即通过模型的学习使损失函数最小，从而调整模型的参数优化模型。常见的损失函数有均方差损失，对数损失和 softmax 损失等。

对于均方差损失函数，有[20]

$$J_\theta = \frac{1}{n}\sum_{i=1}^{n}(h_\theta(x_i) - y_i)^2 \tag{3-47}$$

式中，$h_\theta(x_i)$为模型的预测标签值；y_i是训练集中的实际标签值。

对于对数损失函数，有[21]

$$J_\theta = -\sum_{i=0}^{n}\log p(h_\theta(x_i) \mid x_i) \tag{3-48}$$

对数损失函数表示真实目标条件概率的负对数。在预测目标概率的模型中，将最大概率对应的类型作为输出概率。真实目标的预测概率越高，分类越准确，并且学习目标是最大化真实目标的预测概率。概率小于1，对数值小于0，对数单调递减。负对数最小化等同于对数及概率最大化。

对于 softmax 损失函数，有[22]

$$J(\theta) = -\frac{1}{m}\left[\sum_{i=1}^{m}\sum_{j=1}^{d}1\{h_\theta(x_i)=d\}\log\frac{e^{\theta_j^T z^{\langle i\rangle}}}{\sum_{l=1}^{d}e^{\theta_l^T z^{\langle j\rangle}}}\right] \tag{3-49}$$

式中，$\log\frac{e^{\theta_j^T z^{\langle i\rangle}}}{\sum_{l=1}^{d}e^{\theta_l^T z^{\langle j\rangle}}}$为 softmax 函数的对数值；$1\{\cdot\}$为特征函数，$1\{h_\theta(x_i)=d\}$表示当$h_\theta(x_i)=d$时返回值为1，否则返回值为0。

softmax 损失函数是神经网络中最常用的损失函数，本章的损失函数选用 softmax 损失函数。它的目的是让分类的正确率最大，然后对这个正确率取对数，由于损失函数是最小化，故负号可以保证其取到最小值。

(3) 训练方法

DNN 的网络结构是一种前馈神经网络结构，训练时经常采用反向传播(Back Propagation, BP)算法，BP 算法使用损失函数的平方作为 BP 算法的目标函数，采用随机梯度下降方法进行优化，最终目的是使 BP 算法的目标函数最小化，所以 BP 算法也可以看作是求解最小化的过程。

BP 算法包括正向传播过程和反向传播过程。正向传播过程是指数据样本从输入层经过隐藏层，最终通过输出层输出预测标签值的过程。如果输出的标签值与预期的不同，则需要通过反向传播过程来反向传播误差值。反向传播过程与正向传播过程完全相反，误差通过输出层进入隐藏层，再通过隐藏层进入输入层。由此获得的误差信号将作为修正单元权值的依据，重复调节各层权值，直到网络输出的误差减少到可接受的程度或已达到预先设定的学习次数，则停止 BP 算法过程。

BP 算法具体过程为[23,24]：

① 对所有隐藏层 l，即 $2\leqslant l\leqslant L$ 进行初始化，使 $\Delta W^l=0$，$\Delta b^l=0$；

② 从 1 开始迭代 u 次，每次利用 BP 算法计算各个隐藏层神经元的权值和偏置的梯度矩阵，即计算 $\nabla W^l(c)$ 和 $\nabla b^l(c)$，其中 c 表示隐藏层的神经元。并且使得 $\Delta W^l=\nabla W^l(c)$ 和 $\Delta b^l=\nabla b^l(c)$；

③ 更新权值和偏置，具体为

$$W^l=W^l+\frac{1}{m}\Delta W^l \tag{3-50}$$

$$b^l=b^l+\frac{1}{m}\Delta b^l \tag{3-51}$$

最后，对整个神经网络的变量进行更新，训练出识别精度较高的 DNN。

3.2.3 MDNN 算法描述

对于水下声信号选取的多个维度特征，当直接采用 DNN 进行目标识别时，在识别过程中会存在许多冗余特征，使得 DNN 的输入层过大，导致整个网络模型过大，进一步来说，对于整个 DNN 的算法时间复杂度影响很大，所以减少冗余特征对整个 DNN 的网络结构十分必要。此外，因为 DNN 是全连接网络结构，对于整个输入进来的特征需要采用全连接方法进行特征融合，所以冗余特征会对 DNN 的识别有一定抑制作用。综上所述，减少冗余特征对于 DNN 识别有着重要的作用。因此，采用 GMM 对 DNN 的结构进行改进，提出的 MDNN 算法[9]可以更好地完成水下声信号目标识别任务，图 3-10 所示是其具体结构示意图。

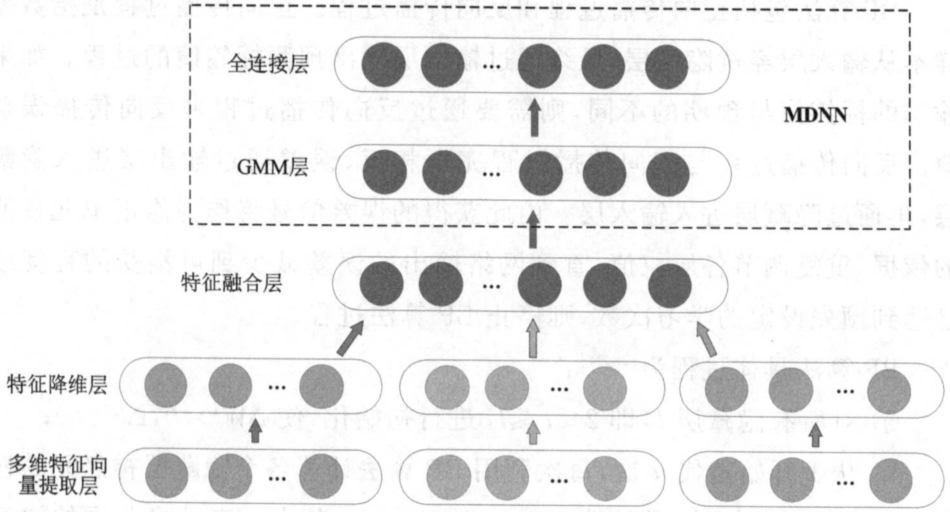

图 3－10 MDNN 算法结构示意图

图 3－10 所示的 MDNN 算法是一个具有多个隐藏层的全连接前馈神经网络，它具有更好的识别效果。其具体流程为：

(1) 对特征向量的分布建立 GMM

对 M 个分量的高斯概率密度函数进行加权求和，得到阶数为 M 的 GMM 的概率密度函数。具体为

$$P(\vec{g} \mid \boldsymbol{\lambda})=\sum_{i=1}^{M} w_i N_i(\vec{g}) \tag{3-52}$$

式中，$\vec{g}$ 是维度为 D 的水下多维特征向量；$N_i(\vec{g})$，$i=1,2,\cdots,M$ 为子分布；w_i，$i=1,2,\cdots,M$ 为混合权重。

每个子分布 $N_i(\vec{g})$ 均是 D 维的联合高斯概率分布，具体表示为

$$N_i(\vec{g})=\frac{1}{(2\pi)^{D/2}\left|\boldsymbol{\Sigma}_i\right|^{1/2}}\exp\left\{-\frac{1}{2}(\vec{g}-\boldsymbol{\mu}_i)^T\boldsymbol{\Sigma}_i^{-1}(\vec{g}-\boldsymbol{\mu}_i)\right\} \tag{3-53}$$

式中，$\boldsymbol{\mu}_i$ 为均值向量；$\boldsymbol{\Sigma}_i$ 为协方差矩阵；T 为特征向量个数；混合权重 w_i，$i=1,2,\cdots,M$ 满足 $\sum_{i=1}^{M} w_i=1$。

每一类水下声信号目标的 GMM 的全参数由各分量的均值向量、协方差矩阵和混合权重的集合构成，统计参数对应的特征向量表示为

$$\boldsymbol{\lambda}=\{w_i,\boldsymbol{\mu}_i,\boldsymbol{\Sigma}_i\},\quad i=1,2,\cdots,M \tag{3-54}$$

将提取的训练数据特征向量序列表示为 $G=\{\vec{g}_t\}, t=1,2,\cdots,T$，其似然度概率为

$$P(G \mid \boldsymbol{\lambda})=\prod_{t=1}^{T} P(\vec{g}_t \mid \boldsymbol{\lambda}) \tag{3-55}$$

对数似然度概率为

$$P(G \mid \boldsymbol{\lambda})=\sum_{t=1}^{T} \lg\{P(\vec{g}_t \mid \boldsymbol{\lambda})\} \tag{3-56}$$

带入高斯密度函数，有

$$P(G \mid \boldsymbol{\lambda})=\sum_{t=1}^{T} \lg\left\{\sum_{i=1}^{M} w_i N_i(\vec{g}_t, \boldsymbol{\mu}_i, \boldsymbol{\Sigma}_i)\right\} \tag{3-57}$$

利用 ML 估计，根据提取的训练数据特征向量序列，不断调整模型参数，直到似然概率 $P(G|\boldsymbol{\lambda})$ 取得最大值。假设似然概率取得最大值时模型参数为 λ_i，则 λ_i 的值为

$$\lambda_i=\arg\max P(G \mid \boldsymbol{\lambda}) \tag{3-58}$$

具体模型参数的更新方法是 EM 算法，其中 EM 算法包括 E 步骤和 M 步骤。E 步骤是在初始参数的基础上计算特征向量对 GMM 的后验概率，即 GMM 中各个单独高斯函数的占有率：

$$p(\vec{g} \mid \theta)=\frac{\lambda_l p(\vec{g} \mid \theta_l)}{\sum_{i=1}^{M} \lambda_i p(\vec{g} \mid \theta_l)} \tag{3-59}$$

M 步骤是根据 E 步骤得到的后验概率计算新的参数 $\theta=(M, \boldsymbol{\lambda}, \boldsymbol{\mu}, \boldsymbol{\Sigma})$，$M$ 为混合数。不断进行 E 步骤和 M 步骤，直到模型收敛。

(2) 通过 DNN 完成分类决策任务，最终实现较精确的目标分类识别

GMM 的全参数对应的特征向量为 $\boldsymbol{\lambda}=\{w_i, \boldsymbol{\mu}_i, \boldsymbol{\Sigma}_i\}, i=1,2,\cdots,M$，根据其全参数定义 DNN 的输入参数为

$$\vec{x}=\boldsymbol{\Sigma}_i w_i \times \frac{\boldsymbol{\mu}_{i-} \boldsymbol{\mu}_{i,\mathrm{ubm}}}{(\mathrm{diag}\{\boldsymbol{\Sigma}_i\})^{\frac{1}{2}}} \tag{3-60}$$

式中，$\boldsymbol{\mu}_{i,\mathrm{ubm}}$ 为初始模型的均值向量。

将 $\vec{x}$ 作为输入 DNN 的特征向量，则第一个隐藏层的激活向量 $\vec{h}^{(1)}$ 为

$$\vec{h}^{(1)}=\sigma(\boldsymbol{W}^{(1)\mathrm{T}} \vec{x}+\vec{b}^{(1)}) \tag{3-61}$$

式中，$\boldsymbol{W}^{(1)}$ 是第一个隐藏层的权重矩阵，维度为 $\boldsymbol{I}\times N_1$；$\vec{b}^{(1)}$ 是大小为 N_1 的偏置向量；T 是矩阵的转置；σ 是隐藏层的激活函数。

第 i 个隐藏层的激活向量 $\vec{h}^{(i)}$ 由第 $i-1$ 个隐藏层的激活向量 $\vec{h}^{(i-1)}$ 求得，具体有

$$\vec{h}^{(i)}(\vec{x})=\sigma(\boldsymbol{W}^{(i)\mathrm{T}}\vec{h}^{(i-1)}(\vec{x})+\vec{b}^{(i-1)}) \tag{3-62}$$

式中，N_i 为第 i 个隐藏层中神经元的个数；$\boldsymbol{W}^{(i)\mathrm{T}}$ 是第 i 个隐藏层的权重矩阵的转置，维度为 $N_{i-1}\times N_i$；$\vec{b}^{(i)}$ 是大小为 N_i 的偏置向量。

DNN 的最后一层是输出层，它为给定输入向量的可能输出类别提供一个概率分布。对于分类识别任务，输出层使用 softmax 函数，有

$$y_j=\frac{\exp(W_j^{(0)\mathrm{T}h^{(H)}}+b_j^{(o)})}{\sum_{k=1}^{N_o}\exp(W_k^{(o)\mathrm{T}h^{(H)}}+b_k^{(o)})} \tag{3-63}$$

输出类别是由输出层中具有最高概率密度值的神经元所关联的类别决定的。

3.2.4 MFF - MDNN 描述

以第 3.1 节提出的构建水下声信号目标多维特征向量和 3.2.3 节提出的 MDNN 算法为基础，提出 MFF - MDNN，其中 MFF - MDNN 的流程图如图 3 - 11 所示。

具体说明如下[9]：

① 输入水下声信号，对水下声信号提取 GFCC 算法特征值，分别进行预加重、分帧、加窗、快速傅里叶变换，通过 Gammatone 滤波器和 DCT 最终得到水下声信号的 GFCC 算法特征值；

② 对水下声信号求 3 阶导和极值，通过三次样条插值法构建上下包络线及均值包络线，并求解内部残余信号，判断内部残余信号的极值点是否满足停止条件，若未满足停止条件，则提取目标前 5 阶 IMFs 映射至希尔伯特空间。通过 HHT 提取瞬时能量 IE 和瞬时频率 IF，并使用降维方法进行特征降维，降维后的 IE 和 IF 与 GFCC 算法特征结合构建多维特征向量；

③ 为有效解决多维特征向量给 DNN 带来的冗余特征问题，对构建的多维特征向量建立 GMM，提取多维特征向量的统计学参数，将 GMM 的

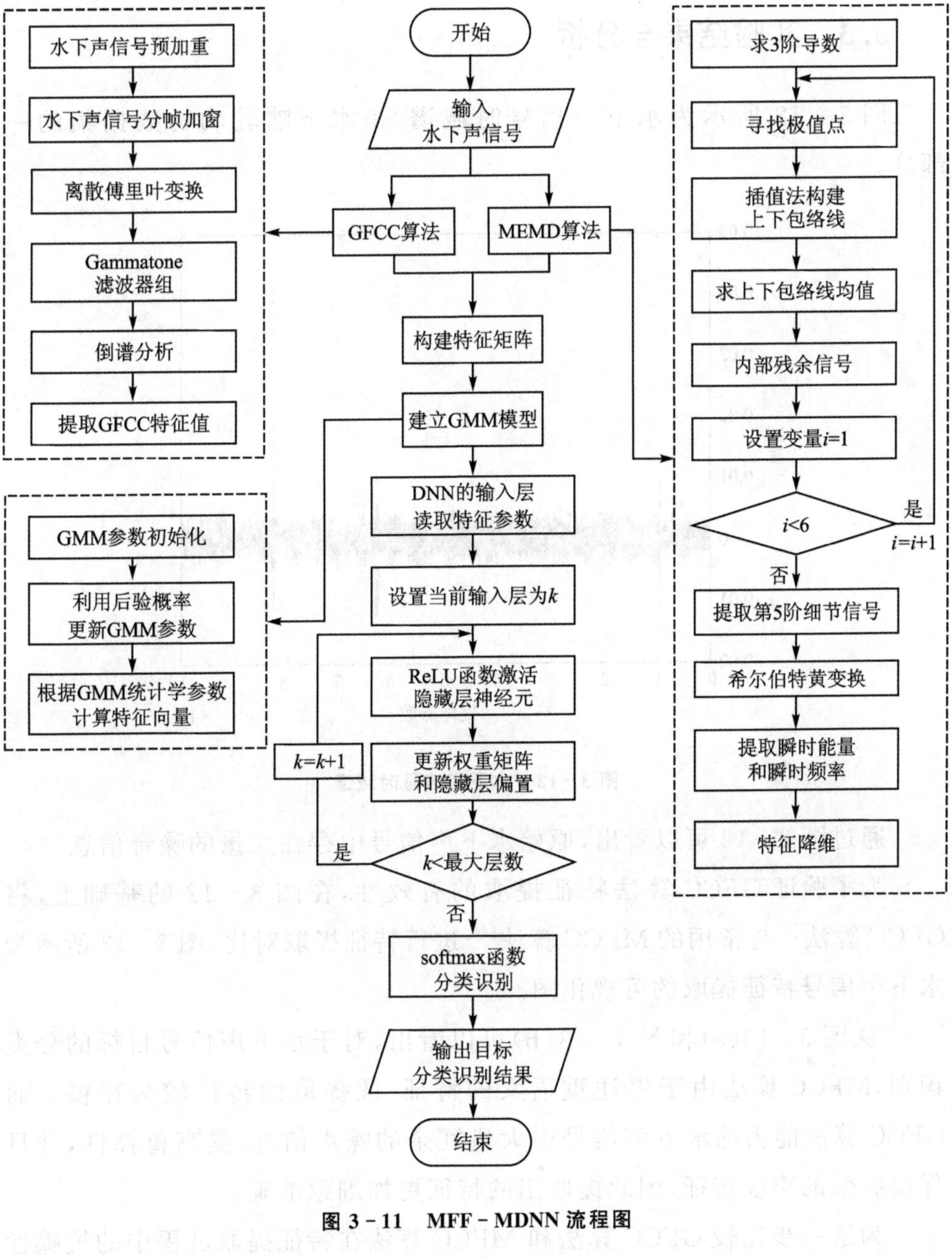

图 3-11　MFF-MDNN 流程图

倒数第二层作为 DNN 的输入，通过全连接层的 ReLU 激活函数计算隐藏层的神经单元，并通过 BP 算法进行参数调整，采用 70% 的 dropout 防止梯度消散，采用 softmax 函数进行分类识别，最终输出分类识别的结果。

3.3 实验结果与分析

图 3-12 所示为水下声信号时域谱，是水下哺乳动物数据集的一部分。

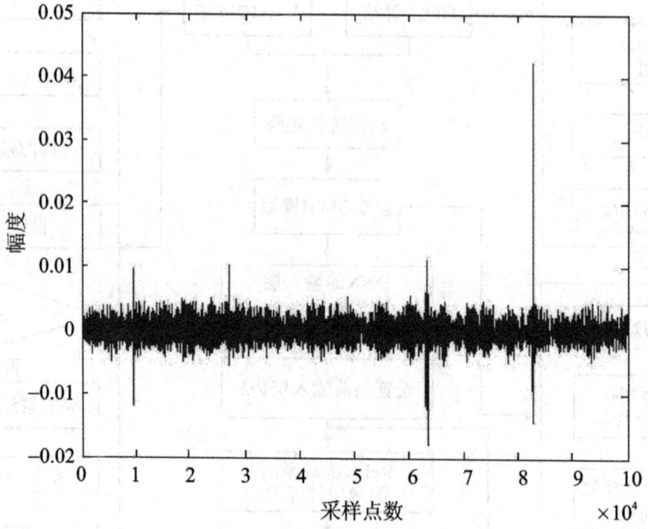

图 3-12 水下声信号时域谱

通过图 3-12 可以看出，原始水下声信号中存在大量的噪音信息。

为了验证 GFCC 算法特征提取的有效性，在图 3-12 的基础上，将 GFCC 算法[1]与常用的 MFCC 算法[25]进行特征提取对比，图 3-13 所示为水下声信号特征提取的可视化图。

从图 3-13(a)和图 3-13(b)可以看出，对于水下声信号目标的分类识别，MFCC 算法由于更注重语义的特征，故提取的特征较为粗糙。而 GFCC 算法能去除水下声信号中大量冗余的噪声信息，提高鲁棒性，并且保留有效的声纹特征，因此提取出的特征更加细致准确。

为进一步比较 GFCC 算法和 MFCC 算法在特征提取过程中的抗噪性能，在图 3-12 中增加高斯白噪声，当信噪比 SNR=10 dB 时，含噪信号的时域谱如图 3-14 所示。在图 3-14 的基础上，图 3-15 给出了 MFCC 算法和 GFCC 算法特征提取的可视化图。

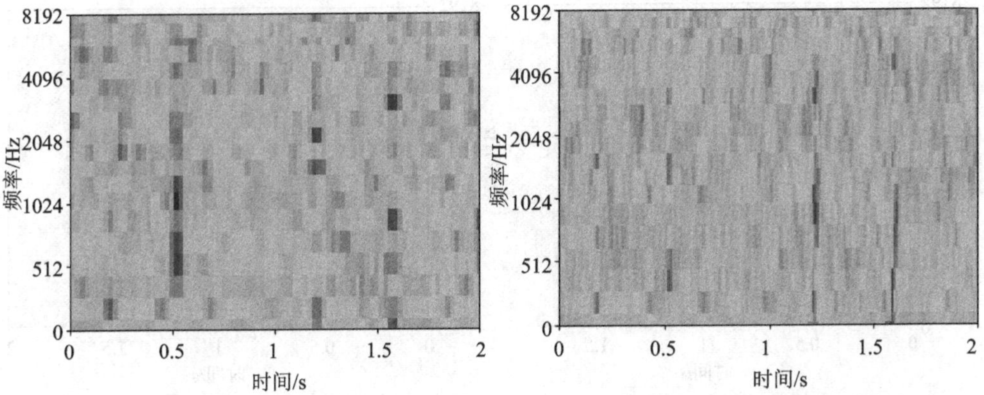

(a) MFCC算法提取的特征结果图　　(b) GFCC算法提取的特征结果图

图 3-13　水下声信号特征提取可视化图

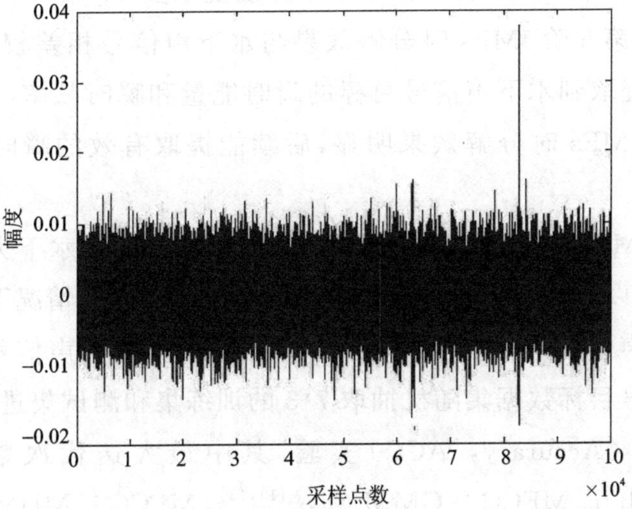

图 3-14　水下声信号时域谱(SNR=10 dB)

从图 3-15(a)和图 3-15(b)可以看出,在含有严重噪声的情况下,MFCC 算法提取的特征,分布和大小都产生了很大的改变,影响后续的目标分类识别精度。而 GFCC 算法特征提取具有较强的抗噪性能,在提取水下声信号目标的特征方面具有优越性。

为了验证采用 MEMD 算法的有效性,对于水下声信号,图 3-16 所示为 EMD 算法[26]与 MEMD[6]算法提取分解的前 5 个 IMFs 波形图。

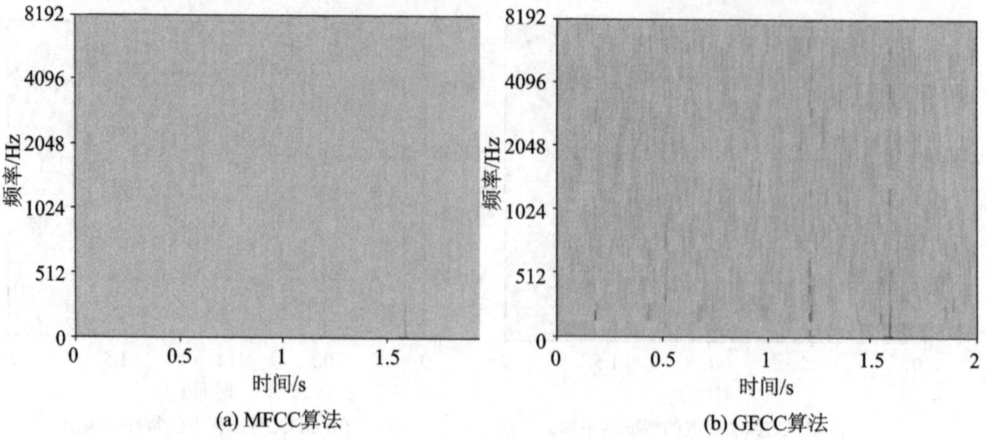

图 3-15　水下声信号特征提取可视化图(SNR=10 dB)

从图 3-16 中可以看出，由于水下环境复杂多变，噪声干扰较为严重，EMD 算法在第 5 阶 IMFs 时分解效果与水下声信号相差较小，后续很难从中有效地提取到水下声信号目标的瞬时能量和瞬时频率，而 MEMD 算法在第 5 阶 IMFs 时分解效果明显，后续能提取有效的瞬时能量和瞬时频率。

为验证 MFF-MDNN 的有效性，给出 4 类船舶及水下大型哺乳类动物的声信号，以及在水下目标声信号较弱且距离较远的情况下的噪声信号共 6 类水下声信号数据集，数据集大小接近 20 h，每个声信号被分为 2 s。对水下声信号目标数据集随机抽取 7∶3 的训练集和测试集进行 30 次分类识别准确率（Accuracy，ACC）实验，其中最大迭代次数为 800 次。图 3-17 给出了 MFCC-GMM 算法[10,25]，MFCC-MDNN 算法[25]和 GFCC-MDNN 算法[1]的对比实验结果，验证了 MDNN 算法的有效性。

从图 3-17 可得，对比 MFCC-GMM 算法和 MFCC-MDNN 算法，当特征提取方法不变时，MDNN 算法的识别效果远远高于 GMM，这是因为 GMM 是一个概率模型，它的分类能力是基于 GMM 的后验概率，所以 GMM 是一个传统的浅层结构模型，而 MDNN 算法是一个深度模型，对于特征可以进行更好的分析，从而得到相对更好的识别效果。对比 MFCC-MDNN 算法和 GFCC-MDNN 算法，再次验证了 GFCC 算法更加适用于水下声信号目标识别，对于识别结果有一定的提升，说明制约分类识别效

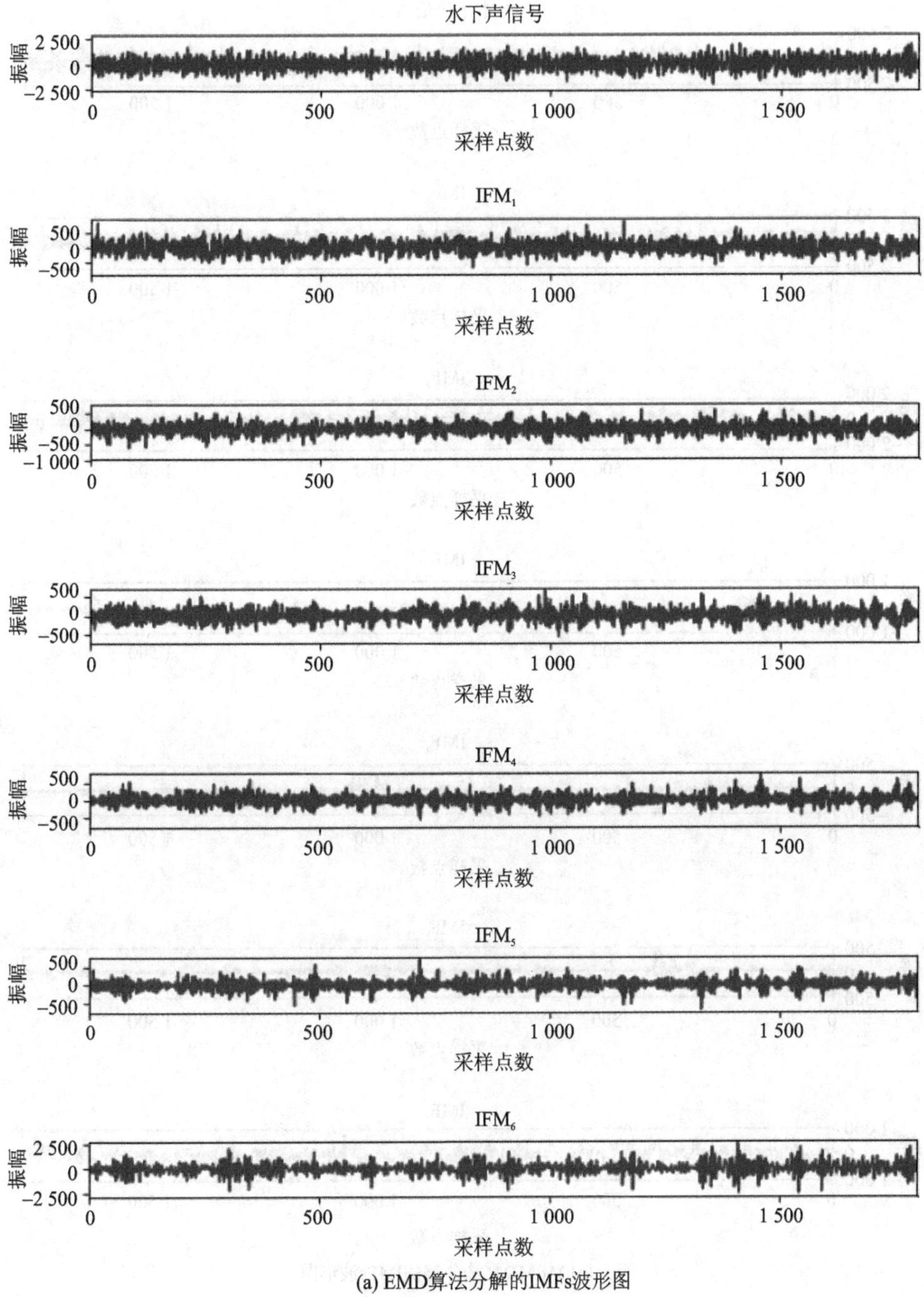

(a) EMD算法分解的IMFs波形图

图 3 - 16　EMD 算法与 MEMD 算法提取分解的前 5 个 IMFs 波形图

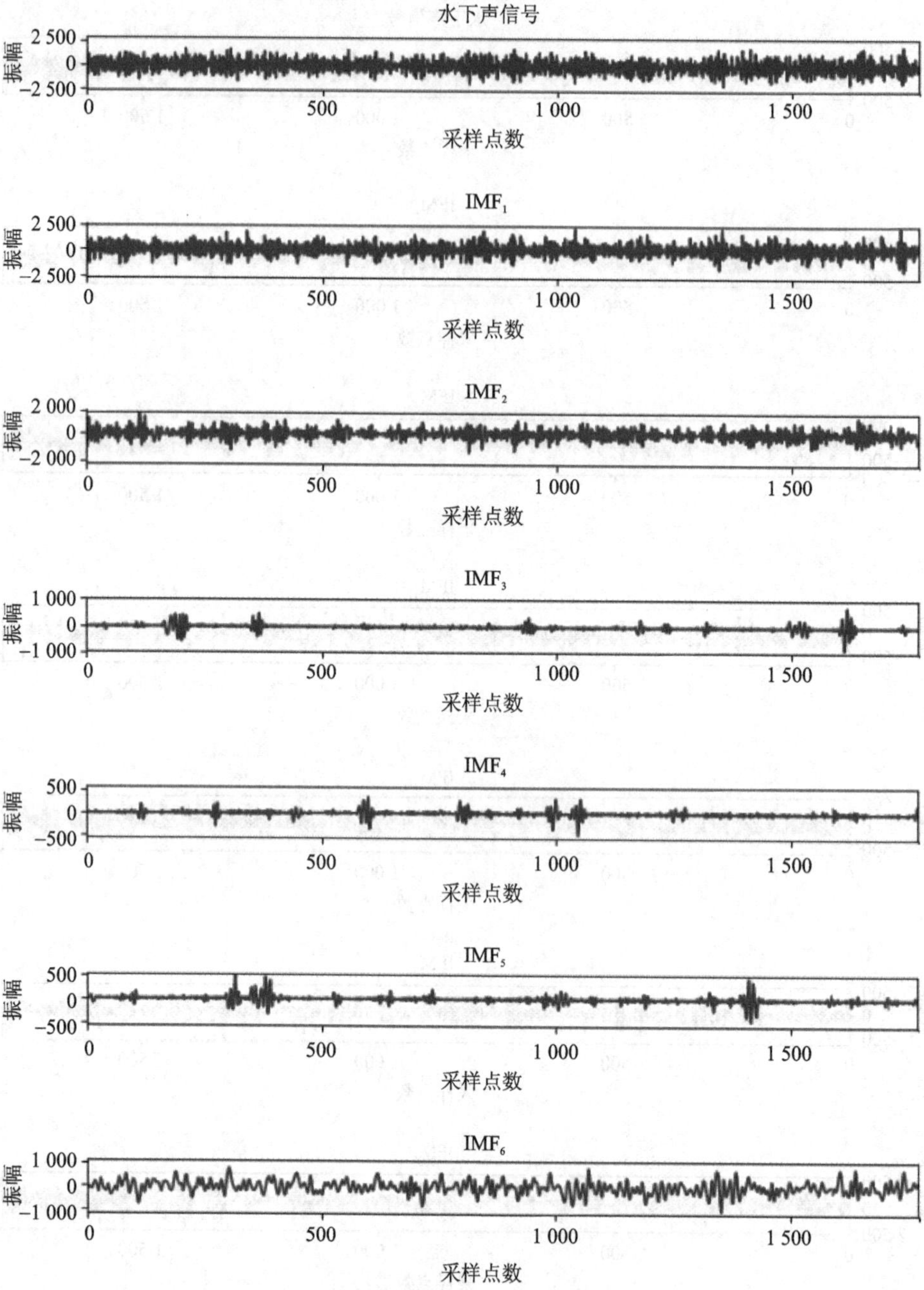

(b) MEMD算法分解的IMFs波形图

图 3-16 EMD 算法与 MEMD 算法提取分解的前 5 个 IMFs 波形图(续)

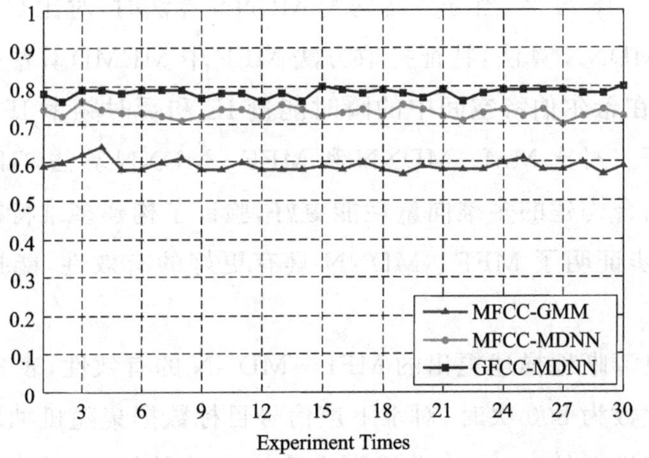

图 3-17 MFCC-GMM，MFCC-MDNN 和 GFCC-MDNN 算法分类识别准确率

果的不光有分类器还有特征提取方法。但是相比于MDNN算法分类器的改变，GFCC算法对于特征提取的提升效果并没有MDNN算法分类器对于识别的提升效果明显。

为了验证构建多维特征向量的有效性，图3-18给出了GFCC-MDNN算法[1]，结合MFCC算法和MEMD算法的MM-MDNN算法[5]以及MFF-MDNN算法的对比实验结果。

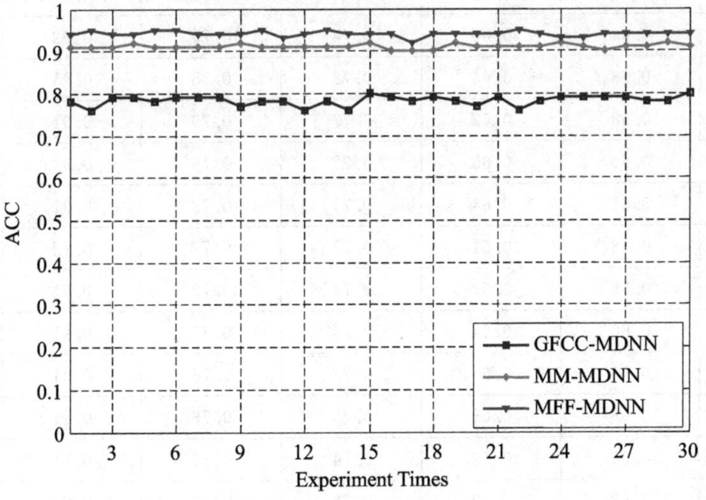

图 3-18 GFCC-MDNN，MM-MDNN 和 MFF-MDNN 算法分类识别准确率

从图 3-18 可得，当分类器均为 MDNN 算法时，对比 GFCC-MDNN 与 MFF-MDNN 算法，特征提取方法 MFF 中 MEMD 算法分解提取到第 5 阶 IMFs 在希尔伯特空间中的瞬时能量 IE 和瞬时频率 IF 时，对识别效果影响显著。对比 MM-MDNN 和 MFF-MDNN 算法，GFCC 算法特征与 IE、IF 结合构建的多维向量性能更好，验证了构建多维特征向量的有效性，也进一步证明了 MFF-MDNN 具有更好的有效性，能提高最终分类识别的精度。

为了更清晰地描述提出的 MFF-MDNN 的有效性，表 3-1 所列为当最大迭代次数为 800 次时，对水下声信号目标数据集随机抽取 7∶3 的训练集和测试集进行的 30 次分类识别准确率实验的结果，其中包括 MFCC-GMM 算法、GFCC-GMM 算法、MFCC-MDNN 算法、GFCC-MDNN 算法、MM-MDNN 算法以及 MFF-MDNN 算法。

表 3-1 各种算法的分类识别准确率

实验次数	MFCC-GMM	GFCC-GMM	MFCC-MDNN	GFCC-MDNN	MM-MDNN	MFF-MDNN
1	0.59	0.61	0.74	0.78	0.91	0.94
2	0.60	0.62	0.72	0.76	0.91	0.95
3	0.62	0.65	0.76	0.79	0.91	0.94
4	0.64	0.60	0.74	0.79	0.92	0.94
5	0.58	0.64	0.73	0.78	0.91	0.95
6	0.58	0.62	0.73	0.79	0.91	0.95
7	0.60	0.65	0.72	0.79	0.91	0.94
8	0.61	0.64	0.71	0.79	0.91	0.94
9	0.58	0.61	0.72	0.77	0.92	0.94
10	0.58	0.63	0.74	0.78	0.91	0.95
11	0.60	0.64	0.74	0.78	0.91	0.93
12	0.58	0.65	0.72	0.76	0.91	0.94
13	0.58	0.65	0.75	0.78	0.91	0.95
14	0.58	0.59	0.74	0.76	0.91	0.94
15	0.59	0.60	0.72	0.80	0.92	0.94
16	0.58	0.62	0.73	0.79	0.90	0.94
17	0.60	0.61	0.74	0.78	0.90	0.92

续表 3-1

实验次数	MFCC-GMM	GFCC-GMM	MFCC-MDNN	GFCC-MDNN	MM-MDNN	MFF-MDNN
18	0.58	0.62	0.72	0.79	0.90	0.94
19	0.57	0.61	0.75	0.78	0.92	0.94
20	0.59	0.60	0.74	0.77	0.91	0.94
21	0.58	0.63	0.72	0.79	0.91	0.94
22	0.58	0.61	0.71	0.76	0.91	0.95
23	0.58	0.60	0.73	0.78	0.91	0.94
24	0.60	0.62	0.74	0.79	0.92	0.93
25	0.61	0.63	0.72	0.79	0.91	0.93
26	0.58	0.61	0.74	0.79	0.90	0.94
27	0.58	0.60	0.70	0.79	0.91	0.94
28	0.60	0.62	0.72	0.78	0.91	0.94
29	0.57	0.64	0.74	0.78	0.92	0.94
30	0.59	0.64	0.72	0.80	0.91	0.94

从表 3-1 中可以看到，当最大迭代次数为 800 时，不同训练集和测试集的 30 个实验中，MFF-MDNN 算法的识别精度要高于其他算法。提出构建的多维特征向量方法能够从多角度描述水下声信号，它结合了 GFCC 算法和 MEMD 算法的优点，比单一特征更适合于水下声信号目标识别。此外，利用 GMM 提取特征向量的统计参数，对 DNN 的结构进行修改，可以减少冗余特征，进一步提高识别精度。因此，MFF-MDNN 算法对船舶及水下大型哺乳类动物的声信号具有较好的分类识别精度，并且在目标声信号较弱、距离较远等情况下仍然具有一定的适应性。

本章小结

本章提出了一种基于多维特征的深度学习水下声信号目标分类识别方法。由于水下环境错综复杂，故单一的特征难以准确描述水下声信号目标的全部特征，为了能较好地提取水下声信号特征，提出一种新的构建水下声信号多维特征向量的方法，即分别从 GFCC 算法特征、MEMD 算法分解得到的固有模态函数在希尔伯特空间中的瞬时能量和瞬时频率三个维度构建特征向量。在此基础上，由于选取多个维度的特征，故直接采用DNN会存在冗余特征，从而导致一定的抑制作用，并且会使网络模型过大而浪费计算资源。MDNN算法使用GMM对多维特征向量进行建模，将GMM的倒数第二层作为DNN的输入，这样可以有效解决多维特征向量给DNN带来的冗余特征问题。通过对比其他方法，提出的MFF-MDNN对于水下声信号具有较好的分类识别效果和一定的适应性。

参考文献

[1] Lian Z X, Ke X, Wan J W, et al. Underwater acoustic target classification based on modified GFCC features[C]// 2017 IEEE 2nd Advanced Information Technology, Electronic and Automation Control Conference (IAEAC). ChongQing:IEEE, 2017: 314-318.

[2] Mao Z C, Wang Z C, Wang D. Speaker recognition algorithm based on Gammatone filter bank[J]. Computer Engineering and Applications, 2015, 51(1): 200-203.

[3] Shi X Y, Yang H Y, Zhou P. Robust speaker recognition based on improved GFCC[C]// 2016 2nd IEEE International Conference on Computer and Communications (ICCC). Chengdu: IEEE 2016: 1927-1931.

[4] Zhao X T, Wang D L. Analyzing noise robustness of MFCC and GFCC features in speaker identification[C]// 2013 IEEE International Conference on Acoustics, Speech and Signal Processing (ICASSP). Vancouver:IEEE, 2013:7204-7208.

[5] Wang W B, Li S C, Yang J S, et al. Feature extraction of underwater target in auditory sensation area based on MFCC[C]// 2016 IEEE/OES China Ocean Acoustics (COA). Harbin:IEEE, 2016:1-6.

[6] Sharma R, Vignolo L, Schlotthauer G, et al. Empirical mode decomposition for adaptive AM-FM analysis of speech: areview[J]. Speech Communication, 2017, 88(1): 39-64.

[7] Hsieh C H, Dai C F. The analysis of offshore islands wind characteristics in Taiwan by Hilbert-Huang transform[J]. Journal of Wind Engineering & Industrial Aerodynamics, 2012, 107-108(8):160-168.

[8] Zeng X Y, Wang S G. Underwater sound classification based on Gammatone filter bank and Hilbert-Huang transform[C]// 2014 IEEE International Conference on Signal Processing, Communications and Computing (ICSPCC). Guilin:IEEE 2014: 707-710.

[9] Wang X M, Liu A H, Zhang Y, et al. Underwater acoustic target recognition: a combination of multi-dimensional fusion features and modified deep neural network[J]. Remote Sensing, 2019, 11(6): 1-17.

[10] Kotari V, Chang K C. Fusion and Gaussian mixture based classifiers for SONAR data[C]// Signal Processing, Sensor Fusion, and Target Recognition XX. Orlando: International Society for Optics and Photonics, 2011: 25-27.

[11] Wang Q, Wang L, Zeng X Y, et al. An improved deep clustering model for underwater acoustical targets[J]. Neural Processing Letters, 2018, 48(3): 1633-1644.

[12] Kasat N R, Sudeep D, Thepade. Performance appraise of data mining classifiers from Bayes, Function, Lazy, Rule and Tree family for video classification using Linde Buzo Gray Vector Quantization Codebooks[C]// 2016 International Conference on Automatic Control and Dynamic Optimization Techniques (ICACDOT). Pune: IEEE, 2016:264-267.

[13] Ravichandar H C, Dani A P. Human intention inference using expectation-maximization algorithm with online model learning[J]. IEEE Transactions on Automation Science and Engineering, 2016, 14(2): 855-868.

[14] Imani M, Braga-Neto U M. Maximum-likelihood adaptive filter for

partially observed boolean dynamical systems[J]. IEEE Transactions on Signal Processing，2016，65(2)：359-371.

[15] Ibrahim A K，Zhuang H，Cherubin L M，et al. Automatic classification of grouper species by their sounds using deep neural networks[J]. The Journal of the Acoustical Society of America，2018，144 (3)：196-202.

[16] Li J，Dai W，Metze F，et al. A comparison of deep learning methods for environmental sound detection[C]// 2017 IEEE International Conference on Acoustics，Speech and Signal Processing (ICASSP). New Orleans：IEEE，2017：126-130.

[17] 莫怀训，刘晓瑞. 基于 sigmoid 函数的题目难度值动态调整算法的设计[J]. 软件工程，2020，23(2)：39-42.

[18] Godin F，Degrave J，Dambre J，et al. Dual Rectified Linear Units (DReLUs)：a replacement for tanh activation functions in Quasi-Recurrent Neural Networks[J]. Pattern Recognition Letters，2018，116：8-14.

[19] Ide H，Kurita T. Improvement of learning for CNN with ReLU activation by sparse regularization[C]// 2017 International Joint Conference on Neural Networks (IJCNN). Anchorage：IEEE，2017：2684-2691.

[20] Chen B D，Xing L，Liang J，et al. Steady-state mean-square error analysis for adaptive filtering under the maximum correntropy criterion[J]. IEEE Signal Processing Letters，2014，21(7)：880-884.

[21] Yue D X，Xu F，Jin Y Q. SAR despeckling neural network with logarithmic convolutional product model[J]. International Journal of Remote Sensing，2018，39(21)：7483-7505.

[22] 董震，裴明涛. 基于异构哈希网络的跨模态人脸检索方法[J]. 计算机学报，2019，42(1)：73-84.

[23] Wang L，Zeng Y，Chen T. Back propagation neural network with

adaptive differential evolution algorithm for time series forecasting [J]. Expert Systems with Applications, 2015, 42(2): 855-863.

[24] Bai Y, Li Y, Wang X X, et al. Air pollutants concentrations forecasting using back propagation neural network based on wavelet decomposition with meteorological conditions[J]. Atmospheric Pollution Research, 2016, 7(3): 557-566.

[25] Lim T, Bae K, Hwang C, et al. Classification of underwater transient signal using MFCC feature vector[J] The Journal of Korean Institute of Communications and Information Sciences, 2007, 32(8c).

[26] Chen W, Xie J Y, Zu S H, et al. Multiple-reflection noise attenuation using adaptive randomized-order empirical mode decomposition [J]. IEEE Geoscience and Remote Sensing Letters, 2017, 14(1): 18-22.

第4章　基于CWGAN－GP&DR的改进CNN水下声呐图像分类方法

本章深入分析研究生成对抗网络模型中的基于梯度惩罚Wasserstein生成对抗网络模型和基于条件生成对抗网络模型，以及CNN和SVM算法。由于水下声呐图像数据集属于不公开的小样本数据集，深度学习中的CNN有无与伦比的特征提取能力，然而直接应用CNN进行水下声呐图像分类会导致过拟合，故通过构建CWGAN－GP&DR网络模型扩充数据集，以减轻过拟合问题，并利用SVM算法对CNN进行改进，从而提出基于CWGAN－GP&DR的改进CNN水下声呐图像分类方法。

4.1　生成对抗网络模型

2014年，Goodfellow Ian J等[1]首次提出生成对抗网络(Generative Adversarial Network, GAN)模型的基本框架模式和主要训练思想。随后，研究学者围绕着GAN模型的网络结构、损失函数等开始深入研究分析。在GAN模型提出的同年，Mehdi Mirza等[2]提出利用损失函数改善GAN模型的表现，即基于条件生成对抗网络(Conditional Generative Adversarial Network, CGAN)模型。2015年，由于提出的深度卷积生成对抗网络(Deep Convolution Generative Adversarial Networks, DCGAN)模型[3]能生成各种逼真的虚假图像，研究学者开始意识到GAN模型的巨大潜力，并在该领域投入大量的精力，但均未彻底解决训练GAN模型比较困难、GAN模型生成大量相似虚假图像的模式崩塌等问题。在2017年，Arjovsky Martin等[4]提出Wasserstein生成对抗网络(Wasserstein Generative Adversarial Network, WGAN)模型，利用Wasserstein距离代替

GAN模型中的损失函数,完全避免了当得到最好的判别器时生成器的更新方向即梯度变成零的问题,因而首次从根本上解决了训练GAN模型时难以稳定的难题。但是,由于解决方案中有一些前提条件需要满足,故会使GAN模型的训练时间过长。因此在此基础上,利用梯度惩罚(Gradient Penalty, GP)改进WGAN模型,提出基于梯度惩罚Wasserstein生成对抗网络(Wasserstein Generative Adversarial Network with Gradient Penalty, WGAN-GP)模型[5],使训练速度加快。后来CycleGAN模型[6]的出现,将GAN模型的研究领域引入到图像翻译的领域,并且由于网络模型本身的特性,其并未对数据作任何要求,这大大扩充了应用范围,并且使得GAN模型的研究领域出现了与实际应用相结合的研究方向,如基于GAN模型的视频帧预测[7]、基于GAN模型的艺术风格迁移[8]、基于GAN模型的语音信号增强[9]以及基于GAN模型的人脸图像还原等技术[10]。

近年来,GAN模型因其在学习高维复杂的数据分布中表现出的惊人潜力而广受关注。作为一种生成式模型算法的GAN模型,其本质属于可微生成器。所谓可微生成器指的是利用可微函数$g(z;\theta^{(g)})$将潜变量z的样本映射变换为样本x或样本x上的分布。由于神经网络是一种效果极好的函数拟合方法,故可微函数可以使用神经网络来表示。GAN模型是启发于博弈的思想,故算法中存在对抗过程。该算法中定义了生成器(generator)和判别器(discriminator),生成器必须与判别器进行竞争和博弈。生成器可以一次性生成完整的虚假样本$x=g(z;\theta^{(g)})$,判别器会尝试分辨该样本是来自于原始的数据集还是来自于生成器生成的虚假样本。区分的依据是判别器通过函数$d(x;\theta^{(d)})$给出相应的概率值p,p表示x来自于实际数据集概率的大小。通过构建生成器与判别器的相关结构和信息交流方式,GAN模型能巧妙地将生成任务转化为两个网络的博弈过程,使原来比较难的生成任务分解为两个较小的任务。生成器只关心如何学习原始数据集的数据分布,并将其以参数的方式保存下来,判别器只专注于学习一个潜在的损失函数,最后使得生成质量有所提升。

4.1.1 生成器

生成器的主要目的是从真实的数据集中学习到相关数据分布。对于

输入的图像数据 x，图像类别 y，其联合分布需要在生成式模型中计算相关概率。生成器的主要任务就是将输入的随机噪声转化为接近于真实数据集中的图像。在 GAN 模型中，生成器本身并没有大量的先验知识，即对于生成器本身来说，输出是没有特别强的约束。用生成器的输出拟合原始数据集中的图像是通过判别器与生成器之间损失函数关系的信息交互完成的。图 4-1 所示为生成器的结构示意图。

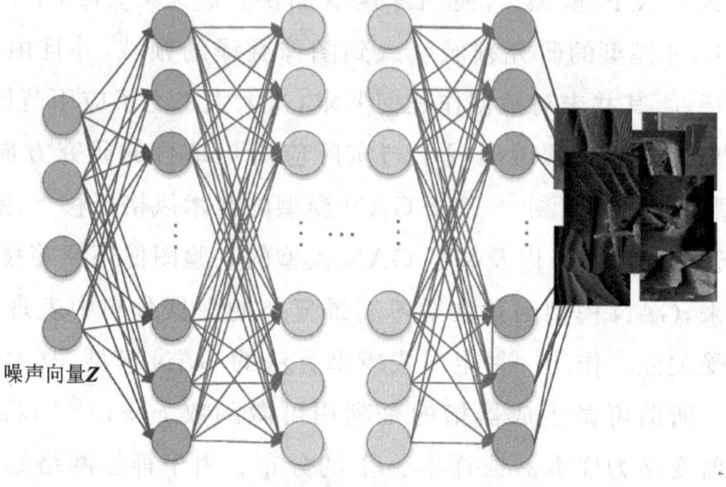

图 4-1 生成器的结构示意图

如图 4-1 所示，生成器将低维的噪声向量映射到高维的图像所在空间，因此，只要能完成该映射可训练的网络结构均可以作为生成器的结构。通常采用 CNN 架构对其建模。

4.1.2 判别器

判别器用来判断输入样本是属于实际的数据还是属于生成器生成的虚假样本，它采用监督学习的方法来估计属于某种类型的输入样本的条件概率分布。图 4-2 所示为判别器的结构示意图。

如图 4-2 所示，判别器本质上是一个真假二分类的分类器，因此，需要降维和特征抽取与组合的过程，通过全连接层的映射，使得图像中的某些特征被综合提取，然后随着层数的不断加深，特征的抽象程度越来越高，直至能够区分出真实的图像与生成的图像之间的区别，然后将这些特征再经过分类层，使得输出变成相应的概率值。该概率值可以用来指导网络的

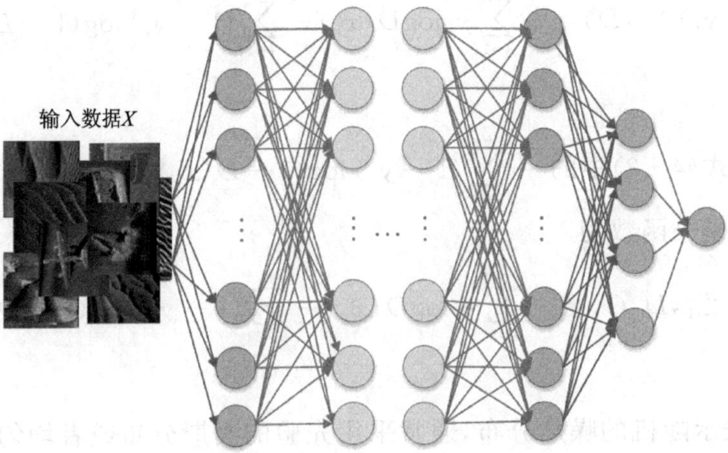

图 4－2　判别器的结构示意图

后续参数更新，使得网络的生成结果变得更好。随着 WGAN 模型[4]的提出，判别器去掉了分类层，原因在于 WGAN 模型结构中，判别器的作用由最开始的分辨真假数据样本变成衡量实际的数据与生成的虚假数据样本的 Wasserstein 距离，即判别器由分类任务变成回归任务。

4.1.3　损失函数

GAN 模型的损失函数与常见的其他网络模型不同，因此需要分别为生成器与判别器定义损失函数。由于判别器本身是分类器，而分类经常使用交叉熵函数判断分布的相似性，因此有

$$H((x_1,,y_1),D)=-y_1\log D(x_1)-(1-y_1)\log(1-D(x_1)) \tag{4-1}$$

式中，假定 y_1 为真实的数据分布；$D(x)$表示数据 x 为真实时的概率值；$(1-y_1)$为生成的虚假数据样本分布；$(1-D(x))$表示数据样本 x 为假时的概率值。

从式(4－1)可以看出，当输入样本为真实样本集中的数据时，式中仅 $-y_1\log D(x_1)$需要计算，此时是使判别器输出的概率值尽可能去逼近 1；当输入样本为生成器生成的虚假样本集中的数据时，则式中仅 $-(1-y_1)\log(1-D(x_1))$需要计算，此时是使判别器的输出概率值尽可能去逼近 0。将式(4－1)推导至 N 个样本后，有

$$H((x_i,y_i)_{i=1}^N,D)=-\sum_{i=1}^N y_i\log D(x_i)-\sum_{i=1}^N(1-y_i)\log(1-D(x_i)) \tag{4-2}$$

由于式(4-2)中的 $-\sum_{i=1}^N(1-y_i)\log(1-D(x_i))$ 是生成样本,因此,判别器的损失函数为

$$H((x_i,y_i)_{i=1}^N,D,G)=-\sum_{i=1}^N y_i\log D(x_i)-\sum_{i=1}^N(1-y_i)\log(1-D(G(z_i))) \tag{4-3}$$

式中,z 表示随机的噪声分布,通常采用先验的高斯分布或者均匀分布。

式(4-3)中的 $-\sum_{i=1}^N y_i\log D(x_i)$ 与生成器没有关系,因此,删掉后得到生成器的损失函数为

$$H((x_i,y_i)_{i=1}^N,D,G)=\sum_{i=1}^N(1-y_i)\log(1-D(G(z_i))) \tag{4-4}$$

生成器的最终目标是让 $G(z)$生成的虚假数据样本尽最大可能地与真实的数据集中的数据相似,即让两者服从相同的分布。为达到最终目标,需要最小化网络生成的虚假数据样本与真实数据之间的误差,即在固定判别器的情况下,生成的图像经判别器处理后输出的概率逼近于1。

将生成器与判别器的损失函数统一为GAN模型的损失函数,其数学表达式为

$$\min_G \max_D V(D,G)=E_{x\sim P_r}[\log D(x)]+E_{G(z)\sim P_g}[\log(1-D(G(z)))] \tag{4-5}$$

式中,P_r 与 P_g 分别表示真实的数据分布和生成的数据样本分布;$V(G,D)$表示真实数据与生成的虚假数据样本之间的差异。

在式(4-5)中,$\max_D V(D,G)$是指在生成器G 不做更新的情况下,最大化判别器 D 的判别能力,从而使得判别器可以更为准确地对真假数据进行判断。假定 $L=\max_D V(D,G)$,$\min_G L$ 是指在将判别器固定的情况下,使真实数据与生成的虚假数据样本之间的差距变得更小,这是算法的对抗过程。使生成的虚假数据样本和真实数据之间的差距最大化是判别器的最

终目标，而尽最大可能去最小化生成的虚假数据样本和真实数据之间的差距是生成器的目标，两者的目标不同。理想条件下，生成器可以学习到如何生成虚假数据样本才能使虚假数据样本和真实数据的分布相一致。

4.1.4 训练过程

对于 GAN 模型，它的训练过程如下：

① 分别初始化判别器与生成器的参数 θ_d 和 θ_g；

② 从真实的数据中进行 m 次采样得到 $\{x^1, x^2, \cdots, x^m\}$，从先验的噪声分布中（如高斯分布）采样 m 个噪声样本 $\{z^1, z^2, \cdots, z^m\}$，同时利用生成器生成 m 个样本 $\{\tilde{x}^1, \tilde{x}^2, \cdots, \tilde{x}^m\}$；

③ 将生成器 G 的参数进行固定，也就是不再更新它的参数，在此基础上让判别器 D 根据输入的真实数据和生成的虚假数据样本进行训练，尽最大可能地去精确判断真、假数据；

④ 判别器参数的更新频率与生成器不同，通常是更新 k 次判别器，确保已经得到充分的训练；

⑤ 更新生成器的参数，执行③。直到判别器完全判别不出数据样本是真实的还是生成的，算法收敛，迭代终止。

在一个完整的迭代周期中，需要先将判别器的参数更新 k 次，再更新生成器有关参数，这是因为需要先得到效果比较优异的判别器，才能够更好地指导生成器如何去生成比较接近真实数据的虚假数据样本。

图 4－3 所示为训练时真实数据与生成数据样本分布变化图。

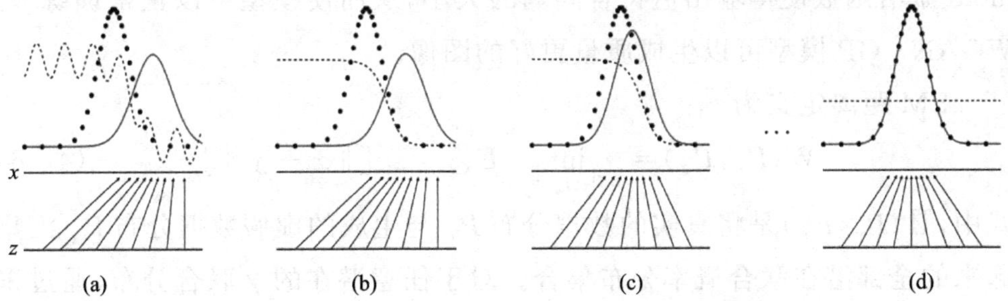

图 4－3　训练时真实数据与生成数据样本分布变化图

图 4-3 中黑点代表真实的数据分布,实线代表生成的虚假数据样本分布,虚线代表输出的概率值,z 表示噪声。图 4-3(a)代表网络初始情况,图 4-3(b)和(c)表示训练时的情况,可以看到经过一段时间的训练,生成的虚假数据样本分布开始逼近真实数据分布。图 4-3(d)表示理想情况下,GAN 模型的终止情况,此时生成器完全学习到真实数据分布,判别器无法区分真假数据样本。

4.2 基于梯度惩罚 Wasserstein 生成对抗网络模型

对于 GAN 模型,还存在模式崩塌和训练困难问题。模式崩塌即生成器会偏向于多次生成同一幅正确的图像,原因是在 GAN 模型的损失函数中,算法没能生成实际的数据样本,会有较弱的惩罚,但对于生成不真实的样本,惩罚很大。因此经过多次训练后,生成器会多次生成正确但重复的数据样本,而不生成多样性的样本。模型训练困难,即无法收敛,原因仍然在于 GAN 模型的损失函数,在该损失函数下,假定将判别器训练至最优的状态,则此时生成器得到的梯度将为零,算法无法进行下去,假定不是最优判别器,则生成器无法高效地学习到正确的特征,因此,模型的训练就变得难以把握导致训练过程极其不稳定。

针对 GAN 模型的两个缺点,WGAN-GP 模型通过更改损失函数为新的 Wasserstein 距离,Wasserstein 距离又叫 Earth-Mover(EM)距离,以及在判别器中添加 GP 来满足利普希茨(Lipschitz)变换,并调整 Sigmoid 激活函数使得输出值符合间隔的大小,从而使模型可以正常训练[5]。WGAN-GP 模型可以生成质量更好的图像。

EM 距离定义为[5]

$$W(P_r,P_g)=\inf_{\gamma\sim\prod(P_r,P_g)} E_{(x,y)\sim\gamma}[\|x-y\|] \tag{4-6}$$

式中,$\Pi(P_r,P_g)$是将真实的数据分布 P_r 与生成的虚假数据分布 P_g 汇集起来的全部潜在联合概率分布集合。对于任意潜在的 γ 联合分布,通过采样$(x,y)\sim\gamma$ 得到真实的数据 x 和生成的虚假数据 y,并计算它们的间隔 $\|x-y\|$,多次迭代可以计算出 γ 联合概率分布下的数据样本对间隔的期望值$E_{(x,y)\sim\gamma}[\|x-y\|]$。

为了通过训练使得两个分布集合的距离越来越靠近，在所有潜在的联合概率分布中取其下界 $\inf_{\gamma \sim \Pi(P_r, P_g)} E_{(x,y)\sim\gamma}[\| x-y \|]$，这使判别器不再具备真假分类的功能，而是计算两个概率分布集合之间的间隔（或者称为距离）。但 EM 距离并不可以直接作为生成器的损失函数，原因是 EM 距离中 $\inf_{\gamma \sim \Pi(P_r, P_g)}$ 无法求解，利用 Lipschitz 连续条件的概念对其进行变换，有

$$W(P_r, P_g) = \frac{1}{K} \sup_{\| f \|_L \leqslant K} E_{x\sim P_r}[f(x)] - E_{x\sim Pg}[f(x)] \tag{4-7}$$

利用神经网络进行拟合，求解 EM 距离的问题得到了解决。但引出了 GP 的概念，即在 WGAN-GP 模型中通过设置相应的 GP 来实现判别器的梯度不超过 K 这一前提条件。具体做法如下：首先在真实的数据集和生成的虚假数据样本集中采样一对真假样本，并从 0—1 的均匀分布中随机选取一个数值，然后利用该数值在采样得到的真假样本的连线上进行随机插值采样，获得新的样本 $\hat{x}$，对该样本进行如下操作，有[5]

$$\lambda E_{x\sim P_{\hat{x}}}[\| \nabla_x D(x) \|_p - 1]^2 \tag{4-8}$$

将所得的值叠加至原始的损失函数中，使得网络模型增加一个有关梯度惩罚的损失项，该损失项是对判别器施加梯度不超过某个常量的约束，通过增加该损失项，使得判别器满足 Lipschitz 连续的条件，即可以真正采用神经网络来拟合 Lipschitz 变换后的相关函数。

判别器的损失函数可以表示为

$$L(D) = E_{x\sim p_g}[D(x)] - E_{x\sim p_r}[D(x)] + \lambda E_{x\sim P_{\hat{x}}}[\| \nabla_x D(x) \|_p - 1]^2 \tag{4-9}$$

WGAN-GP 模型的缺点是生成的图像没有标签信息，使得网络模型的输出难以控制。

4.3　基于条件生成对抗网络模型

GAN 模型的优点是可以从理论推导中得到完美的近似真实的数据，而无需预先建模。但缺点是太过于自由，会在某些情况下有太多的视角，并因此错误地判断物体在特定位置上应该出现的数量，如在生成动物图像

时，生成过多或过少的耳朵。导致的原因是 GAN 模型中并无太多的先验知识来约束最后的生成结果，网络本身拥有很强的自由度。因此，利用 GAN 模型解决生成较大图像数据的问题会变得异常困难。为解决网络本身太过自由的问题，提出 CGAN 模型[2]，即通过在生成器和判别器上增加特征向量的方式，部分解决 GAN 模型的缺点。并且由于特征向量的引入使其能生成特定类别的图像，便于数据集的扩充，从而可以很好地控制类别。

对于 CGAN 模型，生成器并非是从一个完全未知的噪声分布中开始学习的，而是有若干已知信息。例如：某个特定的条件或者是图像的某些特征，图像本身的标签，图像内容的倾斜角度，对比度等特征。它能够从这些已知的信息开始学习如何生成相应的虚假数据样本。这些已知信息对指导数据是如何生成的起到重要的作用。

CGAN 模型可以看作是将无监督的 GAN 模型加上约束条件，使其变换为有监督的 GAN 模型。它给生成器和判别器都加上一个特征向量，使生成器与判别器都有一组联合条件变量，因此，对应的损失函数为[2]

$$\min_G \max_D V(D,G)=E_{x\sim P_r}[\log D(x\mid y)]+E_{G(z)\sim P_g}[\log(1-D(G(z\mid y)))] \tag{4-10}$$

CGAN 模型生成器的输入包括标签向量 $\boldsymbol{y}$，噪声向量 $\boldsymbol{z}$。经过训练后，学习到数据的概率分布。判别器的输入包括图像数据 x，标签数据 y。经过训练后，输出图像数据 x 是真实图像的概率值。

CGAN 模型的缺点是仍然存在模型难以训练、模式崩塌的问题。

4.4 支持向量机算法

1995 年 Corinna Cortes 和 Vladimir Vapnik 提出 SVM 算法思想[11]，SVM 算法是监督学习中最具影响力的算法之一，通常被用在数据分类领域。为使 SVM 算法广泛应用并取得较好的效果，研究学者分析了应用于不同领域的核函数。目前，SVM 算法已经广泛应用于机器学习领域并取得较好的效果。如 Ryu Jewoong 等[12]提出一种基于 SVM 框架的结构化学习的手写文档图像分类方法，并解决了手写文档具有不规则性和多样性的问题。Elleuch Mohamed 等[13]提出将 SVM 算法与深度学习融合应用于手写识别系统，并使用随机失活（dropout）技术，在相当大的程度上避免了过拟合情况的出现。罗文婷等[14]提出将 SVM 算法应用于股票行情预测任务，建立了一个支持向量机回归算法（Support Vector Regression，SVR）的预测模型，算法的输入是一段时间内的股市行情。实验分析结果表明，建立的针对股市预测的 SVR 算法模型是有效的。

SVM 算法的目的是寻找对应的超平面来划分整个数据样本集，并以区间的最大化为基础进行划分。它是基于统计学习方法理论中的 VC 维（Vapnik-Chervonenkis Dimension）的概念和结构风险最小化原则。其中 VC 维的作用是衡量学习能力，VC 维越大，则模型的容量越大，能力越强。结构风险最小指的是寻求经验风险与置信风险的和最小。图 4－4 所示为 SVM 算法的具体分类过程示意图。

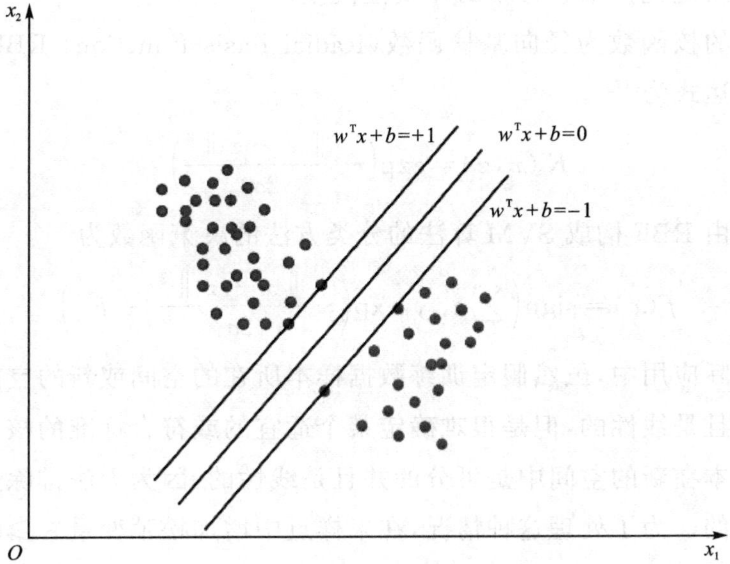

图 4－4　SVM 算法的分类过程

如图 4－4 所示，SVM 算法类似于逻辑回归模型，都是基于线性函数 $w^{T}x+b$。但和逻辑回归不同的是，SVM 算法不输出类别的概率，只输出类别信息。当 $w^{T}x+b$ 为正值时，SVM 算法预测为正类，当 $w^{T}x+b$ 为负值时，预测为负类。

在 SVM 算法中，最重要的技术是核技巧（Kernel Trick）。对于 SVM 算法中的线性函数可以写为 $w^{\mathrm{T}}x+b=b+\sum^{m}\boldsymbol{\alpha}_i x^{\mathrm{T}} x^{(i)}$ 。其中，$x^{(i)}$ 是训练样本；$\boldsymbol{\alpha}$ 是系数向量。如果将 x 替换成特征函数 $\Phi(x)$ 的输出值，点积过程可以替换为核函数（Kernel Function）$K(x,x^{(i)})=\Phi(x)\cdot\Phi(x^{(i)})$。运算符・表示 $\Phi(x)\Phi(x^{(i)})$ 的运算。SVM 算法有[15,16]

$$f(x)=b+\sum_i \boldsymbol{\alpha}_i k(x,x^{(i)}) \tag{4-11}$$

式(4-11)关于 x 是非线性的，本质上相当于将现在的数据样本空间映射到某个未知维度的特征空间，在新的特征空间中，数据样本是可分的并且是线性的。此时可以通过间隔最大化学习相应的线性模型。

由于 $\Phi(x)$ 是固定的，只需要训练学习 $\boldsymbol{\alpha}$。另外，核函数的实现通常要比直接构建 $\Phi(x)$ 再进行点积的运算效率高。因此，核技巧能使用具备良好收敛的凸优化技术学习新的非线性模型。

常见的核函数为径向基核函数（Radial Basis Function，RBF）。RBF 的相关表达式为[17]

$$K(x,z)=\exp\left(-\frac{\| x-z \|^2}{2\sigma^2}\right) \tag{4-12}$$

一个由 RBF 构成 SVM 算法的分类方法的决策函数为

$$f(x)=\operatorname{sign}\left(\sum_{i=1}^{N_s}\boldsymbol{a}_i^* y_i \exp\left(-\frac{\| x-z \|^2}{2\sigma^2}\right)+b^*\right) \tag{4-13}$$

在实际应用中，虽然假定训练数据样本所在的空间或新的空间内都是可分的并且是线性的，但是很难确定某个适宜的或符合标准的核函数是否使数据样本在新的空间中是可分的并且是线性的，因为无法排除是否是过拟合导致的。为了处理这种情况，在采样点中增加松弛变量 $\xi_i \geqslant 0$，该松弛变量容许局部点到分类平面的间隔不满足原本的要求，也就是说增加容错性。这样，算法能够解得更大的分类距离。核函数的提出使 SVM 算法变成了一个十分优异的监督学习算法。

4.5 基于 CWGAN-GP&DR 的改进 CNN 分类方法

由于水下声呐图像数据集属于不公开的小样本数据集，直接应用

CNN 进行分类会导致过拟合，故采用 GAN 模型扩充数据集，以减轻过拟合问题，并利用 SVM 算法对 CNN 进行改进，从而获得更好的分类效果。

4.5.1　构建 CWGAN－GP&DR 网络模型

WGAN－GP 模型和 CGAN 模型各自有自己的优缺点，且优缺点互补，因此将两个模型结合在一起可以达到更好的效果。在此基础上，以 WGAN－GP 模型为主体融合 CGAN 模型构建 CWGAN－GP 模型框架。主要过程是在 WGAN－GP 模型的基础上融合 CGAN 模型的思想，通过向生成器和判别器添加标签数据，使得 WGAN－GP 模型可以接受额外的信息。

结合水下声呐图像的弱纹理、图像边缘模糊等特点对 CWGAN－GP 模型的整体结构进行调整，分别在生成器中添加残差网络（Residual Networks，ResNet）[19]，在判别器中添加密集连接卷积网络（Densely Connected Convolutional Networks，DenseNet）[20]，从而构建 CWGAN－GP&DR 网络模型[18]。通过在网络模型中添加 ResNet 和 DenseNet，使得构建的 CWGAN－GP&DR 网络模型结构增加了多处信息通道，可以较好地学习水下声呐图像比较弱的分布特征，以扩充数据集。

图 4－5 所示为构建的 CWGAN－GP&DR 网络模型结构示意图。

在 CWGAN－GP&DR 网络模型中，添加的标签信息可以很好地控制生成图像的类别，减缓 GAN 模型太过自由的问题。这些额外提供的标签信息可以给生成器生成数据的过程提供指导，使得生成器在生成阶段可以得到更好的图像。同时，判别器中添加的标签信息可以使判别器在衡量真实图像与生成虚假图像间的距离时更为准确。由于有类别标签的存在，也可以强迫网络生成更多类型的标签，从而缓解网络的模式崩塌问题。为进一步使网络模型适应水下声呐数据集的一些固有特点，在生成器中添加 ResNet，而在判别器中添加 DenseNet，使得构建的 CWGAN－GP&DR 网络模型具有更多的信息通路，使信息的传递更为直接，方便学习较弱的特征，减小模型训练难度，能较好地完成数据集扩充。

对于构建的 CWGAN－GP&DR 网络模型，分别从生成器、判别器和损失函数对其进行详细描述。

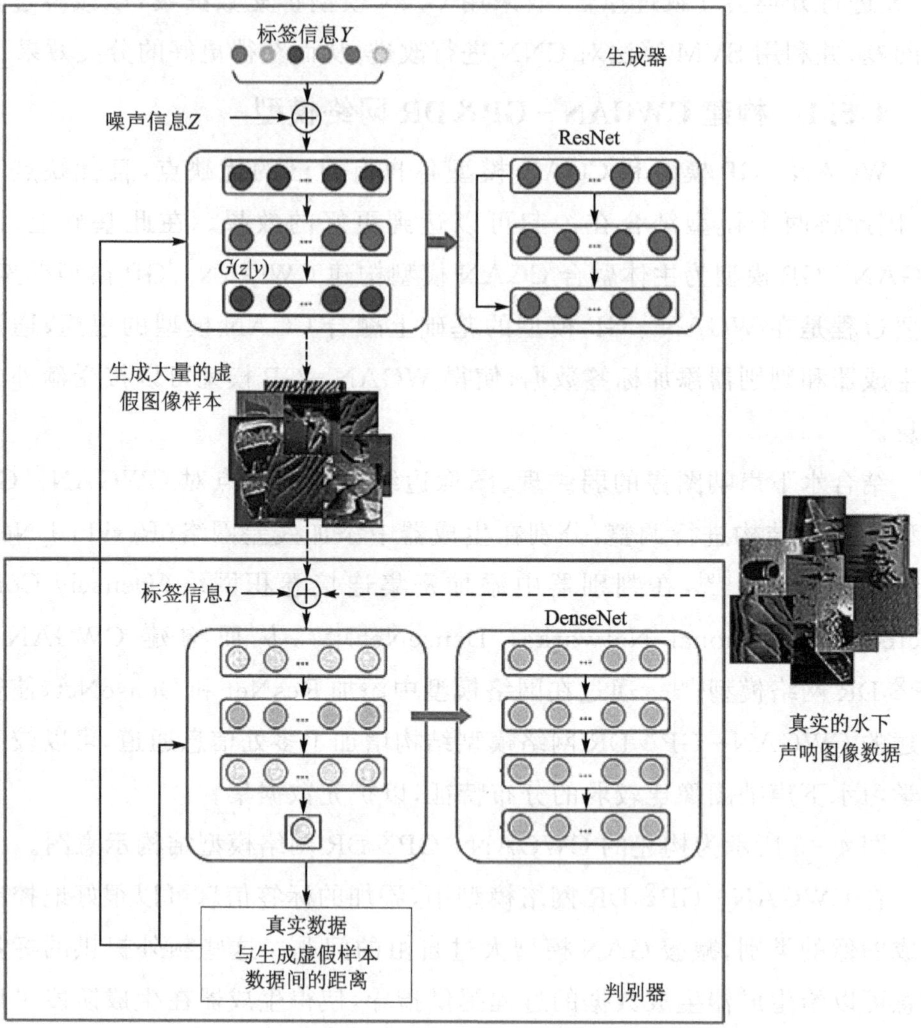

图 4-5 CWGAN-GP&DR 网络模型结构示意图

(1) 生成器

如图 4-5 所示，生成器的输入包含噪声变量 z 和标签信息 y，将两者连接后的整体作为 CWGAN-GP&DR 网络模型的输入。经过网络运算后，该输入会被映射到图像所在的空间中，即生成新的虚假图像。该虚假图像连同其标签信息会在后续处理中被判别器接受，并计算相应的分布距离。表 4-1 给出了 CWGAN-GP&DR 网络模型的生成器结构及对应的相关参数。

表 4-1　生成器的结构及对应的相关参数

层　数	卷积核	步　长	输出大小
Conv1	5×5/256	2	8×8/256
Conv2	5×5/256	1	8×8/256
Conv3	5×5/256	1	8×8/256
Conv4	5×5/256	1	8×8/256
Conv5	5×5/256	1	8×8/256
Conv6	5×5/256	1	8×8/256
Conv7	5×5/256	1	8×8/256
Conv8	5×5/256	1	8×8/256
Conv9	5×5/256	1	8×8/256
Conv10	5×5/128	2	16×16/128
Conv11	5×5/64	2	32×32/64
Conv12	5×5/3	2	64×64/3

图 4-6 所示为生成器的结构示意图，图中从左到右，将卷积层依次命名为 Conv1 至 Conv12，其中 ResNet 模块重复多次。

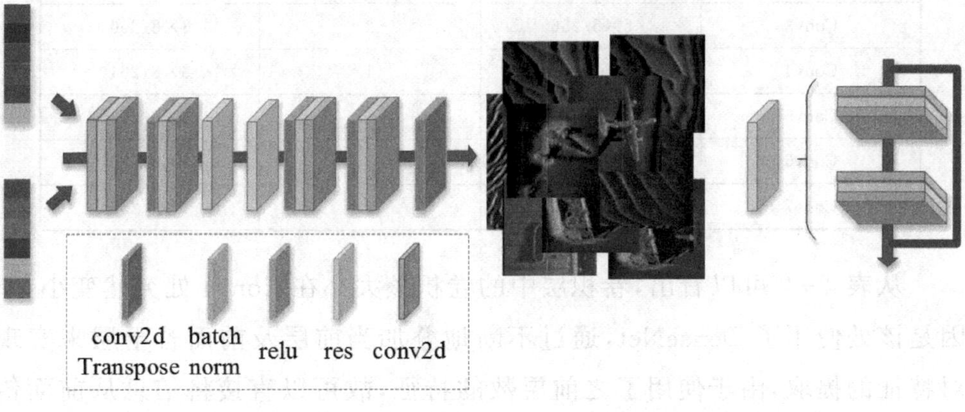

图 4-6　生成器的结构示意图(彩图见封三)

从图 4-6 可以看出，生成器主要是由反卷积层和 ResNet 模块构成，通过反卷积的上采样扩大输入的尺寸，使得输入的低维信息(噪声信息和标签信息)映射到高维空间。与通常分类所用的CNN结构相异的是,网络取消了池化层,并且随着网络层数的增加,特征图的深度依次递减,直至匹配输出的图像通道数,但网络中的特征图大小依次递增,递增的幅度依赖于步长值。为使网络的输出与归一化后的输入具有统一分布,网络的末端选择Tanh激活函数。在CWGAN-GP&DR网络模型的生成器结构中,ResNet能有效地加深网络深度,使网络获得更好的学习能力。

(2) 判别器

如图4-5所示,判别器的输入同样包括标签信息y,但和生成器不同的是,判别器的另一个输入为图像。因此在做连接时,需要对标签信息进行改变,使其与图像的大小能够匹配。判别器的输出是一个标量值,该值表示了真实数据与生成的虚假图像之间的距离,能够指导生成器如何生成更优的图像。表4-2给出了CWGAN-GP&DR网络模型的判别器结构及对应的相关参数。

表4-2 判别器的结构及对应的相关参数

层 数	卷积核	步 长	输出大小
Conv1	5×5/64	2	32×32/64
Conv2	5×5/128	2	16×16/128
Conv3	5×5/256	2	8×8/256
Conv4	5×5/8	1	8×8/264
Conv5	5×5/8	1	8×8/272
Conv6	5×5/8	1	8×8/280
Conv7	5×5/256	2	4×4/256

从表4-2可以看出,卷积层中的卷积核大小在Conv4处突然变小,原因是该处使用了DenseNet,通过不断地叠加当前层及前面若干层来实现对特征的提取,由于使用了之前层数的特征,故可以直接将信息从前面传递到后面,便于学习一些比较弱的分布特征。

图4-7所示为判别器的结构示意图,图中从左到右,将卷积层依次命名为Conv1至Conv7,其中DenseNet模块重复多次。

从图4-7可以看出,判别器主要是由卷积层和DenseNet模块构成,

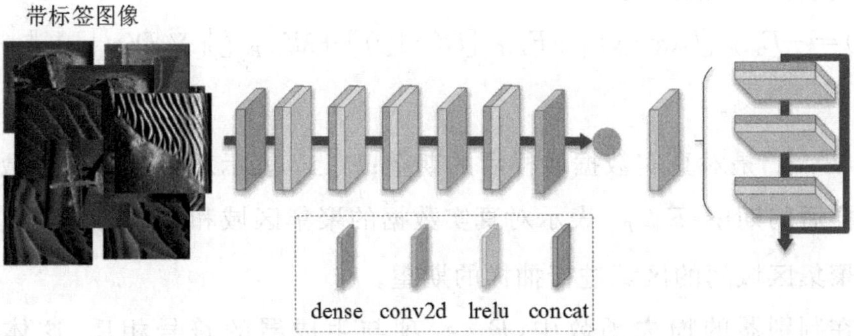

图4-7 判别器的结构示意图(彩图见封三)

通过卷积提取图像中的特征,并输出真假数据分布间的EM距离。在CWGAN-GP&DR网络模型的判别器结构中,同样取消了池化层,取而代之的是以卷积层的步长来减小输入图像的大小。但是与生成器不同的是,判别器还取消了批量归一化层,原因是网络会对每一对样本单独施加GP,如果加入批量归一化层,会使得同一批量中不同的样本相互依赖。同时,在判别器结构中取消掉了用于分类的Sigmoid激活函数,用一个全连接层来代替,使得输出的数据由原来的概率值转为距离值。为了使网络效果变得更好,将ReLU函数改为Leaky ReLU函数[21]。同时,DenseNet结构的加入使得CWGAN-GP&DR网络模型结构间拥有更多的信息通路,网络能以较大的梯度去传递更新参数,减小模型的训练难度。

(3) 损失函数

CWGAN-GP&DR网络模型通过生成器和判别器的交替训练完成相应的任务。生成器和判别器的训练过程是依靠损失函数的指示更新相应参数的过程。因此,损失函数的选择对最终结果有着非常重要的影响。

生成器的损失函数为

$$G(D) = -E_{x\sim P_g}[D(x \mid y)] \tag{4-14}$$

式中,y表示加入的额外信息,即数据样本的标签信息。

在生成器的损失函数中添加额外的标签信息作为生成器生成数据时的指导,使其能生成更好的图像。

判别器的损失函数为

$$L(D) = -E_{x\sim P_r}[D(x \mid y)] + E_{x\sim P_g}[D(x \mid y)] + \lambda E_{x\sim P_{\hat{x}}}[\| \nabla_x D(x \mid y) \|_p - 1]^2 \tag{4-15}$$

式中,$E_{x\sim P_r}$ 是对真实数据取样后的期望;$E_{x\sim P_g}$ 表示对生成的虚假数据样本取样后的期望;$E_{x\sim P_{\hat{x}}}$ 表示对真实数据的聚集区域和生成的虚假数据样本的聚集区域间的区域进行抽样的期望。

在判别器的损失函数中,$E_{x\sim P_g}$ 项与生成器的符号相反,这体现了 GAN 模型的思想。

4.5.2 改进的卷积神经网络

通过之前对 CNN 和 SVM 算法的分析得出,CNN 的优点主要是参数量较少,算法实现简单,它能够不加变换地在原始数据上操作,最大化地留存原始数据有关的知识。并且由于卷积核的存在,使得 CNN 可以对图像的整体结构进行处理,保留图像的结构信息,这对于某些结构敏感型的图像分类任务是至关重要的。而池化层的存在,让 CNN 对微小平移的图像有很好的识别能力。经过 CNN 中的卷积、池化和激活函数层等的叠加后,可以从图像中抽取高层特征,无需人工的干预,大大增加了算法的适用性。通过调整卷积核的大小、叠加的层数等超参数,能够非常方便地提取不同层次的特征,这比其他提取特征的方法要有效得多。CNN 的缺点是需要一定数量的数据集,否则可能会出现过拟合,并且会损失分类的精度[22]。

SVM 算法的优点是基本上不涉及概率度量和大数定理。因此,与现有统计方法相比,大大简化了通常的分类任务。此外,SVM 算法的核心仅由少量支持向量支撑。在某种意义上,算法处理的解取决于支持向量的个数,而不是数据所属空间的相关维度,避免了“维度灾难”问题。而且由于算法的结果仅由支持向量确定,故减少了大量的“冗余样本”,使其具备较好的鲁棒性。SVM 的缺点是计算决策函数的成本与训练数据样本的数目成线性相关,也就是说当数据比较多时,该算法将无法在合适的时间内返回结果。另外,在实际应用中,SVM 算法非常依赖于输入的特征,而该特征是经人工提取的，因此不可避免地会损失一些信息，这也大大限制了SVM 算法的应用。

为了进一步提高水下声呐图像的分类精度，采用 CNN 结合 SVM 算法的方法改进 CNN 完成最终分类，即将扩充后的水下声呐数据集作为 CNN 的输入，并将 CNN 全连接层的输出结果同时作为 SVM 算法的输入，使 CNN 提取出来的特征图得到充分的利用，同时将 SVM 算法参与到特征分析的过程中。考虑到应对正确类别施以更高的概率值问题，在 CNN 的损失函数中添加额外偏置项对网络施加约束，使模型对正确的类别输出更高的准确率，减少因为概率相近而误分类的情况。最终结合 CNN 和 SVM 算法的输出结果完成对水下声呐图像的分类任务[18]。图 4-8 所示为改进 CNN 的结构示意图。

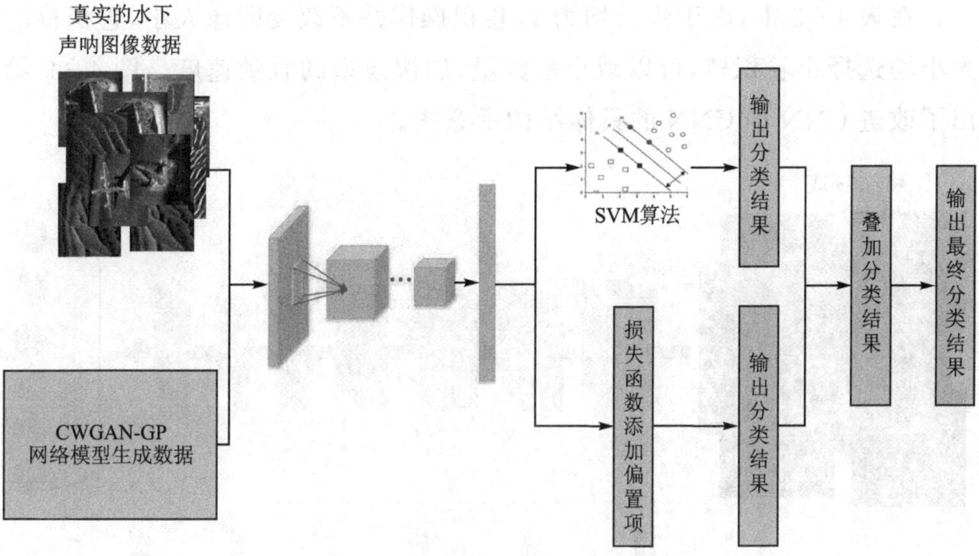

图 4-8　改进 CNN 的结构示意图

从图 4-8 可以看出，CNN 提取的特征被复制成两份，一份进行 CNN 的流程，另一份则接入到 SVM 算法中，由 SVM 算法对特征进行分析。由于 CNN 与 SVM 算法的分类策略并不相同，因此，通过操作得到对特征图的两种分析结果，相较传统 CNN，改进的 CNN 增加了特征图的分析结果，使得特征图的利用率增加。当在两条支路均得到分类类别后，对输出的分类类别进行综合，即将两者的输出转换成独立编码后再按比率叠加作为最终输出结果。该比率属于超参数，设定为 0.1。同时在 CNN 中为了使正确的类别得到更高的概率值，其损失函数中添加偏置项使网络寻求更高的概率值。改进 CNN 的卷积层参数如表 4-3 所列。

表 4-3 改进 CNN 的卷积层参数

层　数	卷积核	步　长	输出大小
Conv1	3×3/64	1	64×64/64
Conv2	3×3/128	1	32×32/128
Conv3	3×3/256	1	16×16/256
Conv4	3×3/256	1	8×8/256

在表 4-3 中，由于步长均为 1，卷积操作并不改变图像大小，卷积核的大小均选择小卷积核，可以减小参数量，加快模型的收敛速度。图 4-9 给出了改进 CNN 中 CNN 的具体结构示意图。

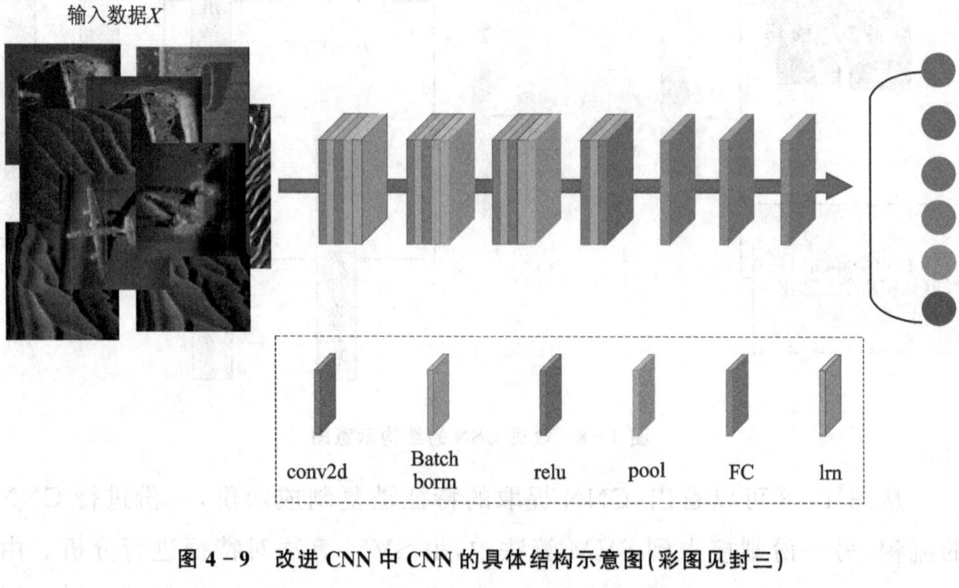

图 4-9 改进 CNN 中 CNN 的具体结构示意图(彩图见封三)

由图 4-9 可以看出，CNN 主要由卷积层、批量归一化层、ReLU 激活函数层、最大池化层、局部响应归一化(Local Response Normalization，LRN)层[23]和全连接层等构成。其中卷积核的数量随着层数的增多而增多，即特征图的深度随着层数的增多而增多。卷积层的作用主要是尽可能多地提取相关特征；批量归一化层的作用主要是调整每层的数据分布，使之不易出现梯度消失或梯度爆炸；ReLU 激活函数层的作用是在神经网络中添加非线性，增强网络的表达能力；为了增加数据的丰富性，最大池化层中池化核的大小与步长的大小不匹配，一个大小为 3，另一个选择 2，最大池化层的作用是降维操作；受 AlexNet 网络的启发[24]，池化层后是 LRN 层，主要作用是最大化比较大的响应值，同时抑制比较小的响应值，从而提升模型的泛化能力；全连接层是对网络进行综合，并以此为依据输出概率值。为了防止过拟合，在全连接层后使用 dropout，训练过程中可以随机丢弃一些网络节点，经过 dropout 后训练的网络可以看作是多个模型的组合，能更进一步提升网络的泛化能力。

CNN 只约束正确的类别有最大的概率值，但并没有更进一步地约束正确的类别应以较大的差距去获得更高的概率值[25]。因此，在 CNN 的损失函数中添加额外偏置项对网络施加约束，可以增加损失函数的输出值，使优化算法进一步优化网络参数。改进 CNN 的损失函数为

$$b=\lambda' y \tag{4-16}$$

式中，y 是数据样本标签信息；超参 λ' 取 0.01。

$$\text{softmax}(x)_i=\frac{\exp(x_i-b_i)}{\sum_j \exp(x_j-b_j)} \tag{4-17}$$

式(4-17)中，softmax 的结果值是类别数长度的向量，该结果向量与样本的实际类别做交叉熵运算，有

$$H(x)=-\sum_i x'_i \log(x_i) \tag{4-18}$$

式中，x'_i 表示实际标签中的第 i 个值；x_i 表示 softmax 的输出向量中的第 i 个分量的值。预测结果越准确则损失函数的值越小。

4.5.3　CWGAN - GP&DR 的改进 CNN 算法描述

图 4-10 所示为基于 CWGAN - GP&DR 的改进 CNN 算法流程图。

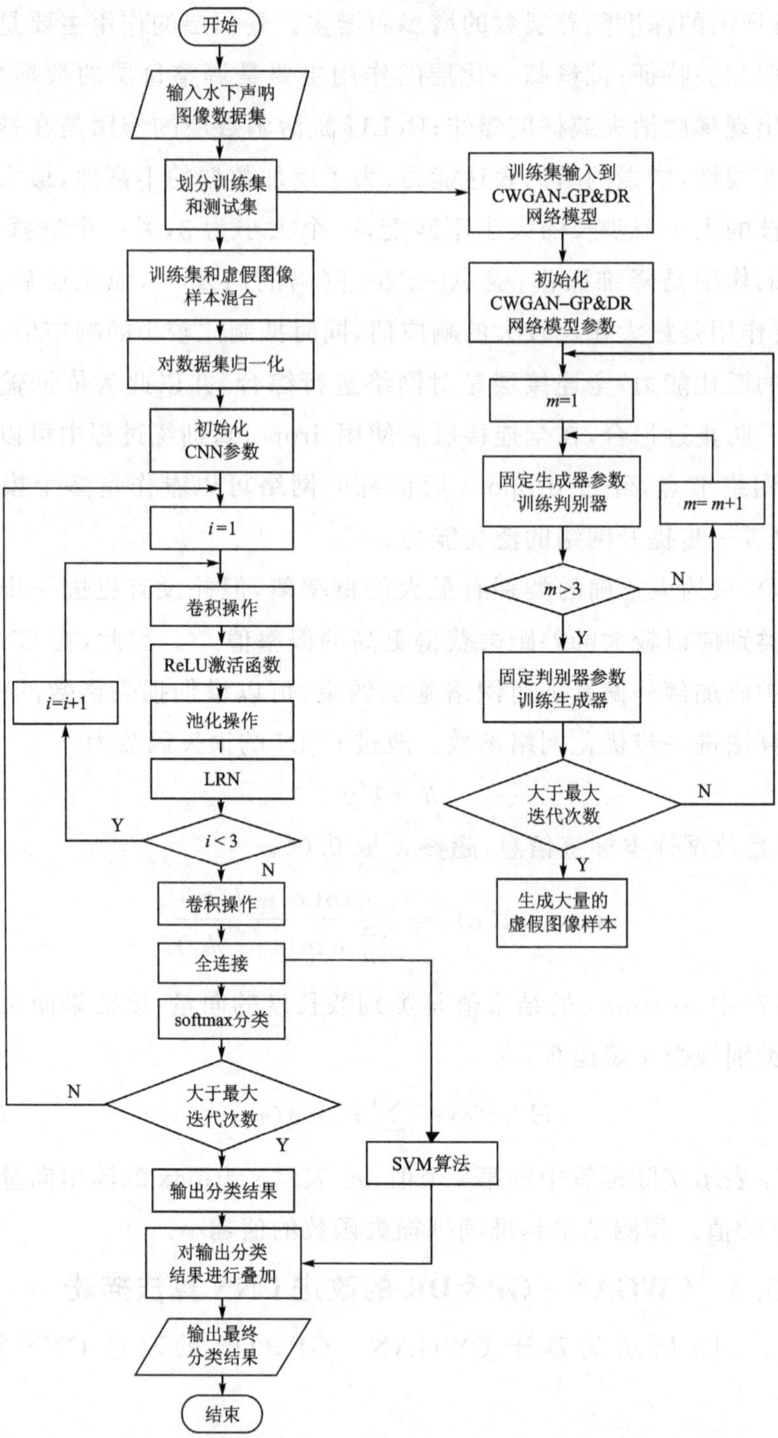

图 4-10 基于 CWGAN-GP&DR 的改进 CNN 算法流程图

具体说明如下[18]：

① 对水下声呐图像数据集进行批量处理，按照 4∶1 的比率划分训练集和测试集，将划分好的训练集输入至构建的 CWGAN－GP&DR 网络模型中，并初始化模型参数。

② 初始化判别器训练次数 m，固定生成器的参数，训练判别器。判断 m 是否达到预期，如果达到预期，则固定判别器的参数，训练生成器。否则将 m 自增 1 后，继续固定生成器的参数，训练判别器，再判断 m 是否达到预期。

③ 判断是否达到训练次数，如果达到训练次数，输出生成的虚假图像并将它和训练数据集混合，归一化后作为 CNN 的输入。否则，执行②。

④ 初始化 CNN 的参数。

⑤ 初始化卷积层数 i，对图像数据进行卷积、池化等操作。

⑥ 判断 i 是否达到预期，如果达到预期，则对特征进行卷积操作后再进行全连接层操作，将全连接的输出复制成两份，分别送至 CNN 的分类函数和 SVM 算法中。否则将 i 自增 1 后，继续对图像数据进行卷积、池化等操作，再判断 i 是否达到预期。

⑦ 判断是否达到训练次数，如果达到训练次数，将 CNN 输出的分类结果与 SVM 算法的分类结果进行综合，输出最终的分类结果。否则，执行⑤。

4.6　实验结果与分析

水下声呐图像属于小样本不公开数据集，用于实验的水下声呐图像数据集类别总共被分为四类，包括沉船、沉机、沙纹、石块。图像大小是 64×64。表 4－4 给出了数据集的具体描述，图 4－11 所示为水下声呐图像数据集的示例图。

表 4－4　数据集的具体描述

类别	沉船	沉机	沙纹	石头
图像数	114	37	67	73

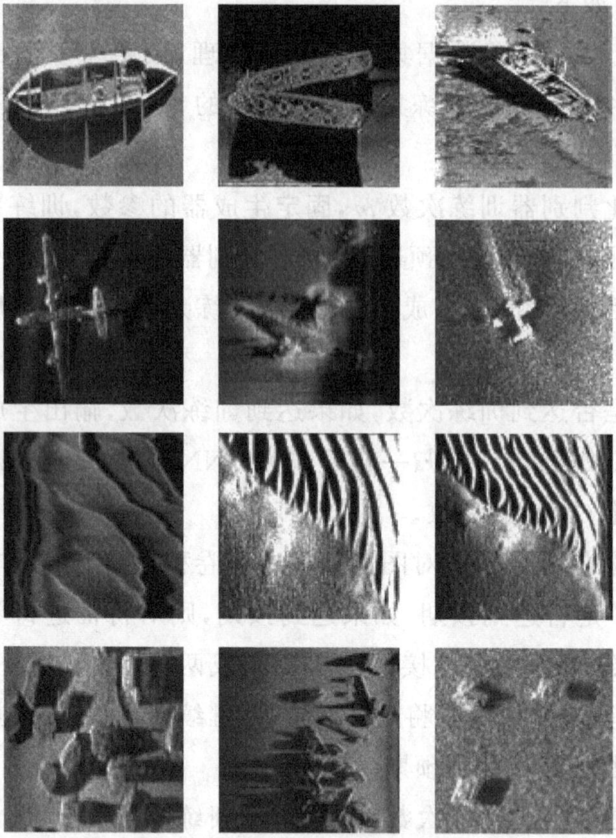

图 4-11　水下声呐图像数据集的示例图

针对表 4-4 的数据集，直接应用 CNN 进行分类会导致过拟合，因此利用 CWGAN-GP&DR 网络模型扩充数据集，以减轻过拟合问题。表 4-5 给出了扩充后数据集的具体描述。

表 4-5　扩充后数据集的具体描述

类 别	沉 船	沉 机	沙 纹	石 头
图像数	788	252	458	502

为了验证构建的 CWGAN-GP&DR 网络模型的有效性，图 4-12 给出了真实数据集和通过 CGAN 模型[2]、WGAN-GP 模型[5]、WGAN-GP+CGAN 网络模型[2,5]、CWGAN-GP&DR 网络模型扩充的数据集不同类别的示例比较。

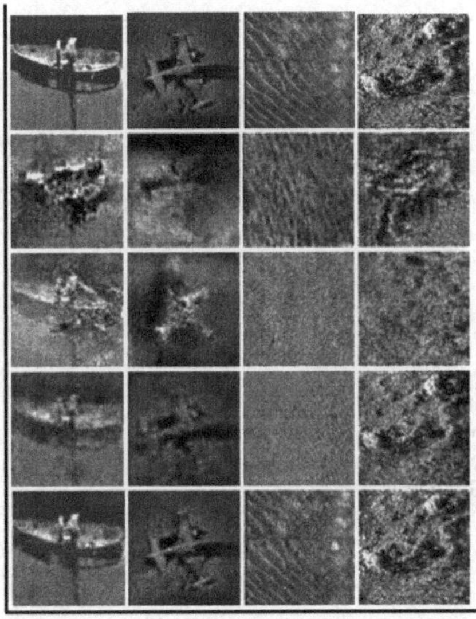

图 4－12　不同类别示例图

从图 4－12 可以看出，CGAN 模型和 WGAN－GP 模型的生成效果较差，生成数据样本相对模糊不完整。WGAN－GP＋CGAN 网络模型和 CWGAN－GP&DR 网络模型生成的数据样本相对比较完整，图像质量更高。而由于 CWGAN－GP&DR 网络模型增加了多处信息通道，可以较好地学习水下声呐图像比较弱的分布特征，故与 CGAN 模型、WGAN－GP 模型以及 WGAN－GP＋CGAN 网络模型相比，CWGAN－GP&DR 网络模型更擅于捕捉图像细节。

为了进一步验证 CWGAN－GP&DR 网络模型的有效性，使用 CNN 对真实数据集和通过 CGAN 模型、WGAN－GP 模型、WGAN－GP＋CGAN 网络模型、CWGAN－GP&DR 网络模型扩充的数据集进行分类实验。各个模型扩充后数据集的具体描述如表 4－5 所列。图 4－13 所示为进行了 30 次最大迭代次数为 1 000 次的实验的分类结果。

从图 4－13 可以看出，CNN 对 CWGAN－GP&DR 网络模型的分类精度要高于 CNN 对其他数据集的分类精度。这是因为 CWGAN－GP&DR 网络模型生成的水下声呐图像可以有效扩充数据集，提高 CNN 的训练效果。由于图 4－12 中 CGAN 模型和 WGAN－GP 模型生成的水

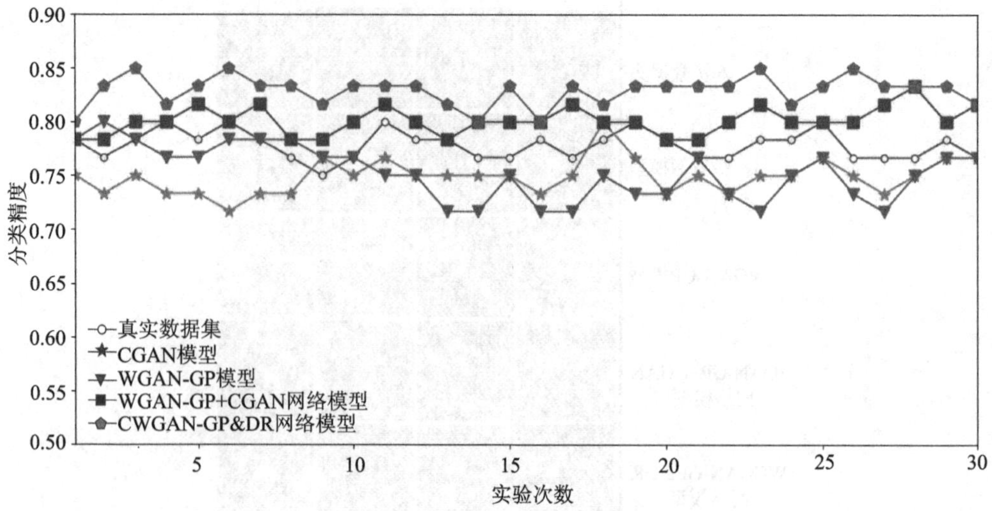

图 4-13　分类结果对比图

下声呐图像质量相对较差，故分类精度比在真实数据集上分类效果都差，影响了 CNN 的训练效果。而虽然 WGAN-GP + CGAN 网络模型生成的水下声呐图像质量略优于 CGAN 模型和 WGAN-GP 模型，也能进一步说明 WGAN-GP 模型结合 CGAN 模型生成水下声呐图像的有效性，但生成的水下声呐图像质量仍然不如 CWGAN-GP&DR 网络模型生成的图像质量好，分类精度也不如 CWGAN-GP&DR 网络模型扩充数据集上的分类精度，说明在网络模型中添加 ResNet 和 DenseNet 是有效的。

在图 4-13 的基础上，表 4-6 给出了 30 次实验的最大分类精度。

表 4-6　最大分类精度

%

数据集	真实数据集	CGAN 模型	WGAN-GP 模型	WGAN-GP+CGAN 网络模型	CWGAN-GP&DR 网络模型
精　度	80.00	80.00	80.00	83.33	85.00

从表 4-6 中可以看出，真实数据集和 CGAN 模型、WGAN-GP 模型、WGAN-GP+CGAN 网络模型、CWGAN-GP&DR 网络模型扩充数据集的最大分类精度分别为 80.00%、80.00%、80.00%、83.33% 和 85.00%。因此，CWGAN-GP&DR 网络模型扩充数据集上的分类精度

高于其他数据集上的分类精度，可以有效地应用于水下声呐图像数据集。虽然深度学习尤其是 CNN 具有无与伦比的特征提取能力，但由于水下声呐图像数据集属于不公开的小样本数据集，易出现过拟合和分类精度不高等问题。

为了衡量 CWGAN－GP&DR 网络模型与 CGAN 模型、WGAN－GP 模型、WGAN－GP＋CGAN 网络模型的成本，在 TensorFlow 深度学习框架下，表 4－7 列出了具体的实验环境，表 4－8 列出了各模型的参数及训练和生成数据样本所需的时间。

表 4－7　具体实验环境

配　置	CPU	内　存	GPU	操作系统	TensorFlow	Cuda	cuDNN
版本	Intel SkyLake 6151	32 GB	NVIDIA T4	Ubuntu 16.04	1.13.1	10.1	7.0.5

表 4－8　各模型的成本

模　型	CGAN 模型	WGAN－GP 模型	WGAN－GP ＋ CGAN 网络模型	CWGAN－GP&DR 网络模型
参数/MB	52.01	53.35	58.03	123.47
时间/h	1.60	1.80	2.56	3.66

如表 4－8 所列，虽然 CWGAN－GP&DR 网络模型生成的数据样本质量比其他模型更高，但同时也增加了参数数量和时间消耗。

为了验证改进 CNN 的有效性，图 4－14～图 4－18 所示为使用 CNN、CNN－bias 和改进 CNN 对原始数据集和 CGAN 模型、WGAN－GP 模型、WGAN－GP＋CGAN 网络模型、CWGAN－GP&DR 网络模型扩充的数据集进行最大迭代次数为 1 000 次的 30 次实验的分类结果。

从图 4－14～图 4－18 可以看出，每个数据集经过最大迭代次数为 1 000 次的 30 次实验，改进 CNN 的分类精度要高于 CNN 和 CNN－bias，CNN－bias 的分类精度又高于 CNN。这说明使 SVM 算法参与到改进 CNN 对特征的分析过程中，使得特征图的利用率增加，分类精度提高。而为了使正确的类别得到更高的概率值，在改进的 CNN 的损失函数中添加

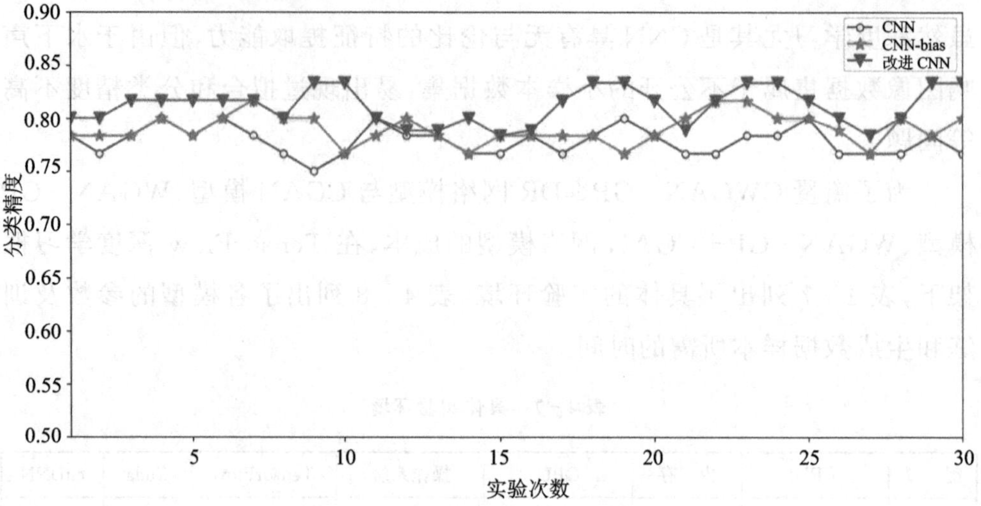

图 4-14　分类结果对比图(真实数据集)

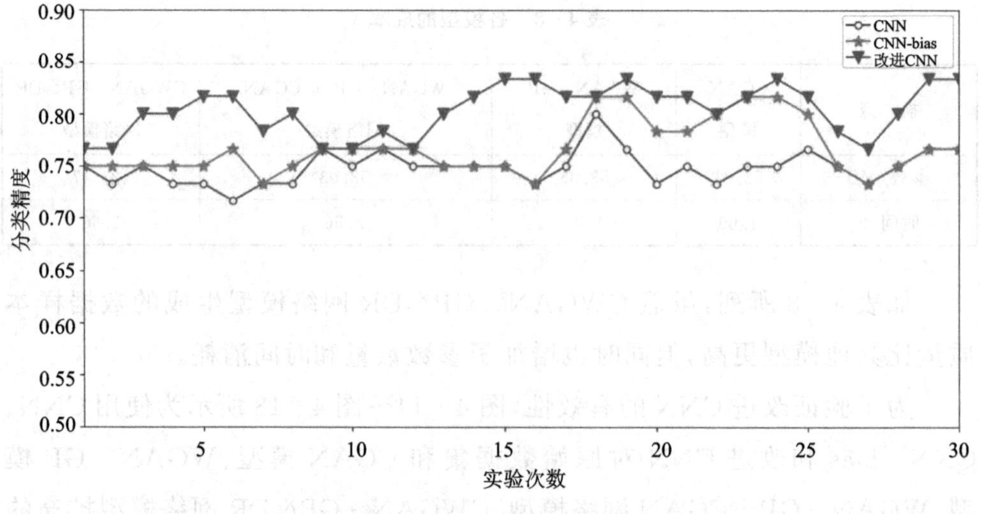

图 4-15　分类结果对比图(CGAN 模型扩充数据集)

偏置项能使网络寻求更高的概率值,从而进一步提高分类精度。

在图 4-14～图 4-18 的基础上,表 4-9 和表 4-10 给出了每个分类模型在不同数据集下的最大分类精度和训练时间。

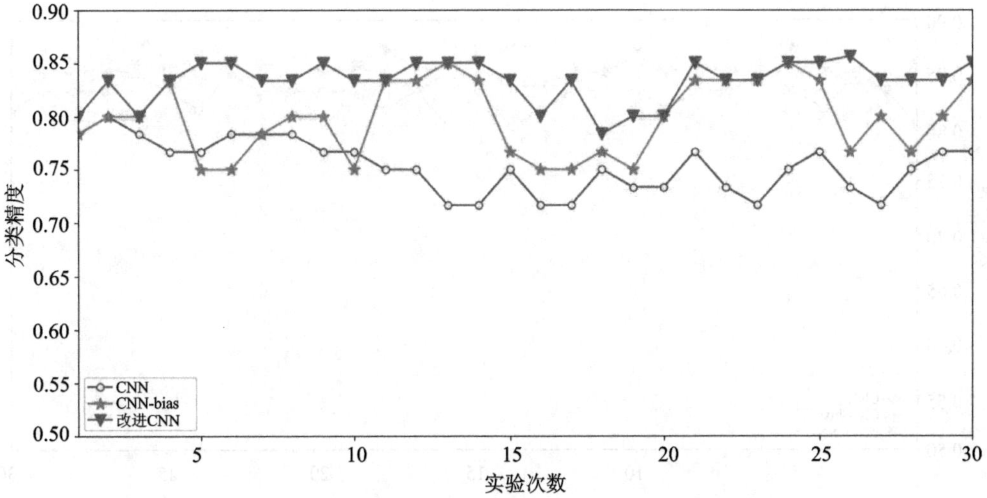

图 4－16　分类结果对比图(WGAN－GP 模型扩充数据集)

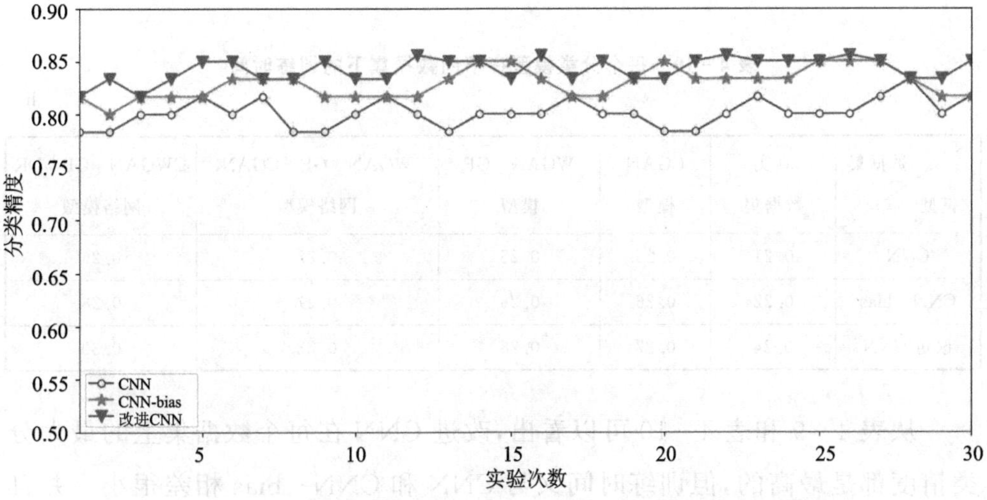

图 4－17　分类结果对比图(WGAN－GP ＋ CGAN 网络模型扩充数据集)

表 4－9　每个分类模型在不同数据集下的最大分类精度

%

数据集 / 模型	真实数据集	CGAN 模型	WGAN－GP 模型	WGAN－GP＋CGAN 网络模型	CWGAN－GP&DR 网络模型
CNN	80.00	80.00	80.00	81.67	85.00
CNN－bias	81.67	81.67	85.00	85.00	85.50
改进 CNN	83.33	83.33	85.58	85.58	87.71

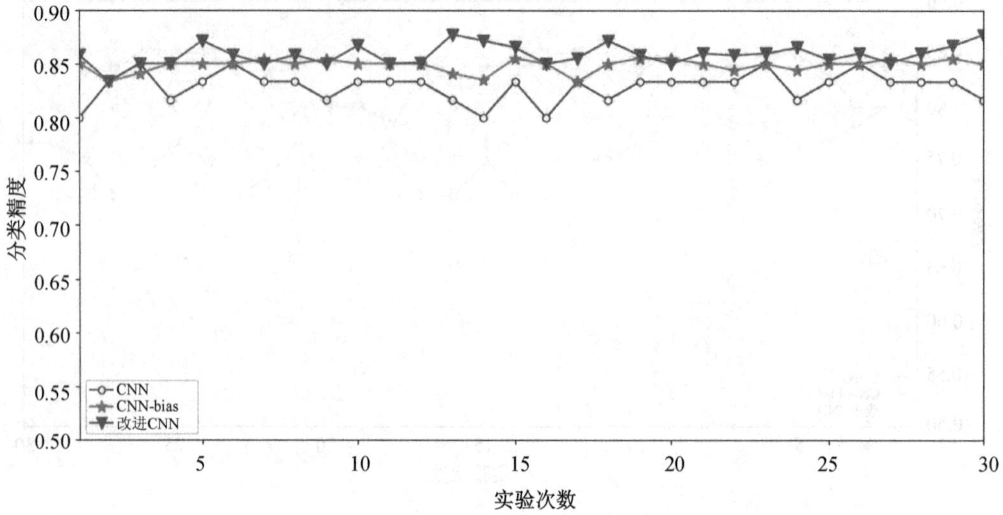

图 4-18　分类结果对比图(CWGAN-GP&DR 网络模型扩充数据集)

表 4-10　每个分类模型在不同数据集下的训练时间

h

数据集 模型	真实 数据集	CGAN 模型	WGAN-GP 模型	WGAN-GP+CGAN 网络模型	CWGAN-GP&DR 网络模型
CNN	0.21	0.25	0.25	0.25	0.26
CNN-bias	0.22	0.26	0.26	0.27	0.28
改进 CNN	0.24	0.27	0.28	0.28	0.30

从表 4-9 和表 4-10 可以看出,改进 CNN 在每个数据集上的最大分类精度都是最高的,但训练时间又与 CNN 和 CNN-bias 相差很小。并且改进 CNN 在 CWGAN-GP&DR 网络模型扩充的数据集上最大分类精度为 87.71%,进一步验证基于 CWGAN-GP&DR 的改进 CNN 水下声呐图像分类方法的有效性。此外,在每个数据集上,CNN-bias 的最大分类精度都高于 CNN,说明在改进 CNN 中,在损失函数中添加偏置项是有效的。

通过实验比较分析,验证了基于 CWGAN-GP&DR 的改进 CNN 水下声呐图像分类方法能够生成大量高质量的数据样本,为分类任务提供数据支持。同时，对比于其他分类算法，该方法也有较好的分类精度。

本章小结

水下声呐图像数据集属于不公开的小样本数据集，直接应用CNN进行分类会导致过拟合，因此采用GAN模型扩充数据集，以减轻过拟合问题，并利用SVM算法对CNN进行改进，以获得更好的分类效果。基于此思想，本章提出一种基于CWGAN-GP&DR的改进CNN水下声呐图像分类方法。首先，以WGAN-GP模型为主体融合CGAN模型搭建网络模型框架，结合水下声呐图像的特点，在模型中添加ResNet和DenseNet，构建CWGAN-GP&DR网络模型，并学习水下声呐图像的分布特征以扩充数据集；其次，为了进一步提高水下声呐图像的分类精度，采用CNN结合SVM算法的方法改进CNN完成最终分类，即将扩充后的数据集作为CNN的输入，并将CNN全连接层的输出结果同时作为SVM算法的输入，使SVM算法参与到对特征的分析过程中，同时在CNN的损失函数中添加额外偏置项对网络施加约束；最后，结合CNN和SVM算法的输出结果完成对水下声呐图像的分类任务。通过对比其他方法，提出的基于CWGAN-GP&DR的改进CNN水下声呐图像分类方法能够生成大量高质量的水下声呐图像数据，并具有较好的分类精度。

参考文献

[1] Goodfellow I J, Pouget-Abadie J, Mirza M, et al. Generative adversarial nets[J]. Advances in Neural Information Processing Systems, 2014,3: 2672-2680.

[2] Mirza M, Osindero S. Conditional generative adversarial nets[J]. Computer Science, 2014:2672-2680.

[3] Radford A, Metz L, Chintalas. Unsupervised representation learning with deep convolutional generative adversarial networks[J]. Computer Science, 2015.

[4] Arjovsky M, Chintala S, Bottou Léon. Wasserstein GAN[J]. arXiv:

Learning，2017.

[5] Gulrajani I，Ahmed F，Arjovsky M，et al. Improved training of Wasserstein GANs[C]// Conference on Neural Information Processing Systems (NIPS). Long Beach，United States，2017：5767-5777.

[6] Zhu J，Park T，Isola P，et al. Unpaired image-to-image translation using cycle-consistent adversarial networks[C]// IEEE International Conference on Computer Vision (ICCV). Venice:IEEE，2017：2242-2251.

[7] Vondrick C，Pirsiavash H，Torralba A. Generating videos with scene dynamics[C]// Conference on Neural Information Processing Systems (NIPS). Barcelona，Spain，2016:562-570.

[8] Springenberg J T. Unsupervised and semi-supervised learning with categorical generative adversarial networks[J]. arXiv：Learning，2015.

[9] 张一珂，张鹏远，颜永红. 基于对抗训练策略的语言模型数据增强技术[J]. 自动化学报，2018，44(05):891-900.

[10] 曹志义，牛少彰，张继威. 基于半监督学习生成对抗网络的人脸还原算法研究[J]. 电子与信息学报，2018，40(02):323-330.

[11] Corinna C，Vapnik V. Support-vector networks [J]. Machine Learning，1995，20(3):273-297.

[12] Ryu J，Koo Hyung I，Cho N I. Word segmentation method for handwritten documents based on structured learning[J]. IEEE Signal Processing Letters，2015，22(8):1161-1165.

[13] Elleuch M，Mokni R，Kherallah M. Offline Arabic Handwritten recognition system with dropout applied in deep networks based-SVMs[C]// IEEE International Joint Conference on Neural Networks (IJCNN). Vancouver:IEEE，2016:3241-3248.

[14] 罗文婷，徐庆娟，唐璐薇. 支持向量机在股市预测中的应用[J]. 时代金融，2019，31:67-71.

[15] Abbas A K，Al-haideri N A，Bashikh A A. Implementing artificial

neural networks and support vector machines to predict lost circulation[J]. Egyptian Journal of Petroleum, 2019, 28(4):339-347.

[16] Rezvani S, Wang X, Pourpanah F. Intuitionistic fuzzy twin support vector machines[J]. IEEE Transactions on Fuzzy Systems, 2019, 27(11):2140 - 2151.

[17] Baghaee H R, Mirsalim M, Gharehpetan G B, et al. Nonlinear load sharing and voltage compensation of microgrids based on harmonic power-flow calculations using radial basis function neural networks [J]. IEEE Systems Journal, 2018, 12(3):2749 - 2759.

[18] Xu Y C, Wang X M, Wang K H, et al. Underwater sonar image classification using generative adversarial network and convolutional neural network[J]. IET Image Processing, 2020, 14(12):2819-2825.

[19] He K, Zhang X Y, Ren S P, et al. Deep residual learning for image recognition[C]// IEEE Conference on Computer Vision and Pattern Recognition (CVPR). Las Vegas:IEEE, 2016: 770-778.

[20] Huang G, Liu Z, Maaten V D, Weinberger K. Densely connected convolutional networks[C]// IEEE/CVF Conference on Computer Vision and Pattern Recognition (CVPR). Hawaii: IEEE, 2017: 2261-2269.

[21] 李英杰,张惊雷. 基于全卷积网络的图像语义分割算法[J]. 计算机应用与软件, 2020, (8): 213-218.

[22] Gu J X, Wang Z H, Kuen J, et al. Recent advances in convolutional neural networks[J]. Pattern Recognition, 2018, 77(C): 354-377.

[23] Xie Y L, Jin H Y, Tsang E C C. Improving the lenet with batch normalization and online hard example mining for digits recognition [C]// 2017 International Conference on Wavelet Analysis and Pattern Recognition (ICWAPR). Ningbo, China, 2017:2158-5709.

[24] Krizhevsky, Alex, Sutskever, et al. ImageNet classification with deep convolutional neural networks [J]. Communications of the

ACM，2017，60(6)：84-90.

[25] Wang P，Sun M Y，Wang H Y，et al. Convolution operators for visual tracking based on spatial-temporal regularization[J]. Neural Computing and Applications，2020，32(10):5339-5351.

第 5 章　基于类意识领域自适应的水下声呐图像无监督分类方法

本章重点研究无监督领域自适应，并采用 DCGAN 和 CGAN 两种 GAN 模型共同生成图像，构建数据集。在此基础上，由于水下声呐图像分类方法需要满足无监督分类的条件和适应数据不均衡的情况，故深入分析研究了基于残差网络的迁移学习无监督分类方法和基于深度聚类网络的无监督分类方法，结合对抗自编码器，提出基于类意识领域自适应的水下声呐图像无监督分类方法。

5.1　无监督领域自适应

深度学习在处理大规模数据中表现极为出色，具有极强的学习能力。但是应用于其他非训练数据集上，模型的表现很差，数据集之间的差异越高，模型的预测率越低，证明其泛化能力有限。近年来，为了克服数据间差异，即域差异，领域自适应(Domain Adaptation)被提出，它是迁移学习中新的研究领域，用于解决域差异所产生的模型学习和泛化能力问题，或者是对域间的知识进行迁移学习[1]。

无监督领域自适应是通过对其他丰富信息的数据集进行学习以直接利用在相似数据集上，根本的目的在于缩减域间差异。主要有两类主流方法，一是在数据样本层面对数据集进行调整，如对样本选择不同权重[2]，复用源域的数据样本，增加目标域的样本数量以提高分类精度。Cheng - An Hou 等[3]提出利用标签和结构连贯性对域间分布进行缩减，在源域中提取标签信息，结合目标域的结构信息进行无监督领域自适应。文献[4]提到的经典的无监督领域自适应方法 DANN(Domain - Adversarial Training of Neural Networks, DANN),是将目标域分布向源域分布对齐,并通过梯度反转对域间知识进行迁移,最终达到降低分布差异的效果。Jing Zhang 等[5]提出利用联合几何和统计信息对域进行对齐,将几何差异和分布差异同时减小,最后以投影子空间的方法完成目标函数的闭包形式。Jafar Tahmoresnezhad 等[6]提出迁移特征学习,对边缘分布或是条件分布进行一定程度的对齐,实现域相似。当域差异较小时,边缘分布更为重要;反之,条件分布更重要。Eric Tzeng 等[7]提出由最大化域不变性所演变的 ADDA(Adversarial Discriminative Domain Adaptation, ADDA)方法,主要以对抗的方式强制目标域的分布趋近源域的分布,然后通过复用分类器实现无监督领域自适应。Judy Hoffman 等[8]提出 CyCADA(Cycle - consistent Adversarial Domain Adaptation, CyCADA)方法,同时对边缘分布和条件分布进行趋近,取得了良好的效果。Xinhong Ma 等[9]提出根据类中心对齐和结构性对齐思路,通过图卷积对抗网络实现无监督领域自适应的域对齐。二是进行特征变化,使得特征空间近似或其子空间近似,对数据分布进行逼近,缩小域间边缘分布或条件分布距离[10]。Basura Fernando 等[11]提出子空间学习,利用子空间变化,通过分布距离或者其他特征空间变换将域间差异降低。Long Mingsheng 等[12]提出通用迁移学习框架,并在此基础上,进一步提出深度自适应网络(Deep Adaptation Network, DAN)[13],在原有的深度域混淆网络基础上进一步分解自适应层,使自适应层增加为三层,并配合三个多核最大差异均值距离(Maximum Mean Discrepancy, MMD)衡量特征层之间的距离,证明深度网络具有良好的可迁移特征。Wang Jindong 等[14]提出平衡分布方法,在一定程度上对特征进行重组降低域间差异,但是需要有一定的数据相似。

除了上述两类主流方法,还有一些其他研究方法。如 Hu Junlin 等[15]提出的深度迁移度量学习(Deep Transfer Metric Learning, DTML)方法,将传统衡量域差异距离的 MMD 距离替换为类间距离和类内距离,使得类内间距最小化,类间距离最大化。2017 年,Busto Pau Panareda 等[16]提出开放集(Open Set)的无监督领域自适应,对源域和目标域之间数据类别不同的情况进行研究,先后利用源域将目标打标签,再将两域转换至同一空间交替进行，实现开放集下的领域自适应。

对于无监督领域自适应，域 D 由两部分组成，即特征空间 χ 和支配特征空间的边缘概率分布 $P(X)$，其中 $X=\{x_1,\cdots,x_n\}\subset\chi$ 是特征空间的样本集。根据数据不同，无监督领域自适应中域又分为源域 D_S 和目标域 D_T，其中，源域的主要任务是通过学习和训练，使之能迁移至目标域；目标域是无标签的数据集，同时也是希望能实现无监督分类的域。

无监督领域自适应以最小化预测目标域数据标签损失为目标，实现任务 $\tau=(Y,f(\cdot))$。其中，Y 表示标签空间；$f(\cdot)$表示函数 $f:X\rightarrow Y$。主要难点为 $P_S(X,Y)\neq P_T(X,Y)$，两者的联合概率分布不相同，因此需要将源域信息所得到的 $P_S(X,Y)$趋近于目标域的预测信息 $P_T(X,Y)$，即 $P_S(X)\neq P_T(X)$，$P_S(X|Y)\approx P_T(X|Y)$。另外，从学习的角度而言，目标域没有标签，几乎只能由源域经过学习和训练后再迁移至目标域。只有降低两个域间的差异，才可实现目标域上的无监督分类。

5.2　数据集的构建

本章采用 DCGAN 和 CGAN 两种 GAN 模型共同生成图像，将两者各取一半构建数据集。

DCGAN 模型引入的是深度卷积神经网络，卷积操作所得特征输出为

$$\mathrm{conv}_{c_2,m,n}=\sum_{c_1}\sum_{i}\sum_{j}M_{c_1,m+j,n+i}K_{c_1,c_2,i,j} \tag{5-1}$$

式中，$M_{c_1,m,n}$，$K_{c_1,c_2,m,n}$ 和 $\mathrm{conv}_{c_2,m,n}$ 为相应卷积张量内的元素，其中 c_1 表示输入通道数，c_2 表示输出通道数，m 和 n 表示通道坐标。

卷积增强了 GAN 提取图像特征的能力，DCGAN 的最小化目标函数为

$$\min_G \max_D V(D,G)=E_{x\sim p_{\mathrm{data}}(x)}[\log D(x)]+E_{z\sim p_z(z)}[\log(1-D(G(z)))] \tag{5-2}$$

式中，D 表示解码器；G 表示生成器；x 为样本数据；z 为噪声；$p_{\mathrm{data}}(x)$为数据分布；$p_z(z)$为噪声先验分布。

图 5-1 所示为 DCGAN 模型的生成器结构示意图。

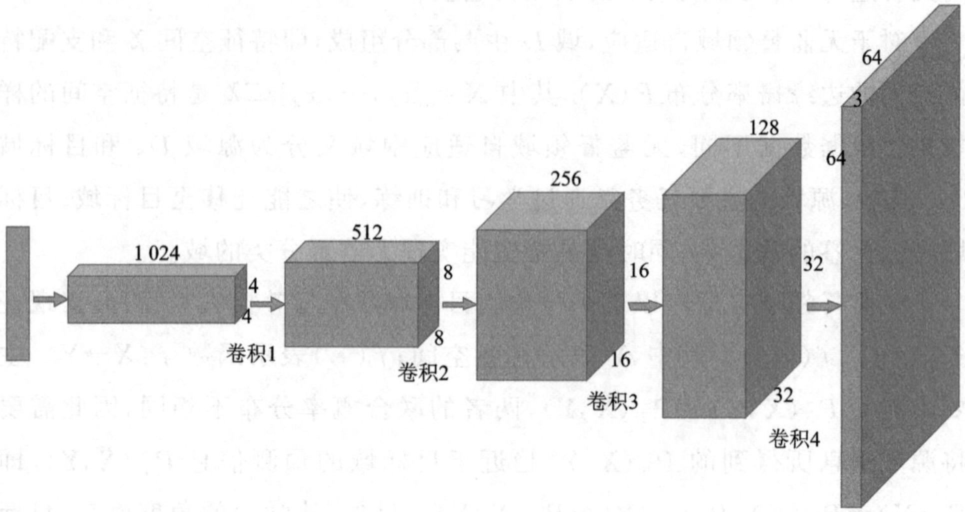

图 5-1　DCGAN 模型的生成器示意图

由图 5-1 可以看出，DCGAN 模型是以卷积操作作为主要的上采样方法，保证了整体特征运算的一致性，同时在一定程度上提升了生成图像的细节和尺寸大小。

表 5-1 和表 5-2 所列为 DCGAN 模型的主要参数。

表 5-1　DCGAN 模型生成器对应的卷积参数

层　数	卷积核大小/数量或节点数	步　长
ConvTrans1	4 * 4/512	1
BN - ReLU	512	—
ConvTrans2	4 * 4/256	2
BN - ReLU	256	—
ConvTrans3	4 * 4/128	2
BN - ReLU	128	—
ConvTrans4	4 * 4/64	2
Tanh	—	1

表 5-2　DCGAN 模型判别器对应的卷积参数

层　数	卷积核大小/数量或节点数	步长(阈值)
Conv1	4 * 4/64	2
Leaky ReLU	64	0.2
Conv2	5 * 5/128	2
BN - Leaky ReLU	128	0.2
Conv3	5 * 5/256	2
BN - Leaky ReLU	256	0.2
Conv4	5 * 5/512	2
BN - Leaky ReLU	512	0.2
Conv5	1	1
Sigmoid	—	—

图 5-2 所示为 DCGAN 模型生成的图像示例。

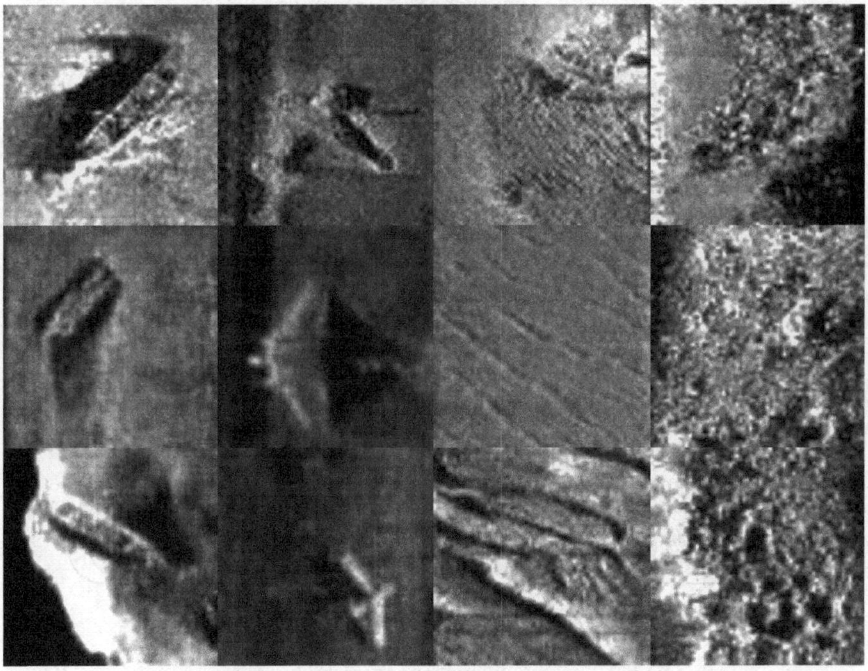

图 5-2　DCGAN 模型生成的图像示例

GAN 家族生成的图像一旦达到一定数量,图像间的相似性就会增加,即使 DCGAN 模型生成的图像质量再高也不能满足数据集的丰富度要求，因此利用 CGAN 模型进一步补充生成图像的数量和丰富程度。

CGAN 模型将标签信息融入到解码中，提高条件生成能力，从而进一步增加生成图像的多样性，其最小化的目标函数为

$$\min_G \max_D V(D,G) = E_{x\sim p_{\text{data}}(x)}\left[\log D(x\mid y)\right] + E_{z\sim p_z(z)}\left[\log(1-D(G(z\mid y)))\right] \tag{5-3}$$

式中，x 和 y 分别为数据样本和标签。

图 5－3 所示为 CGAN 模型的生成器结构示意图，图 5－4 所示为 CGAN 模型的判别器结构示意图。

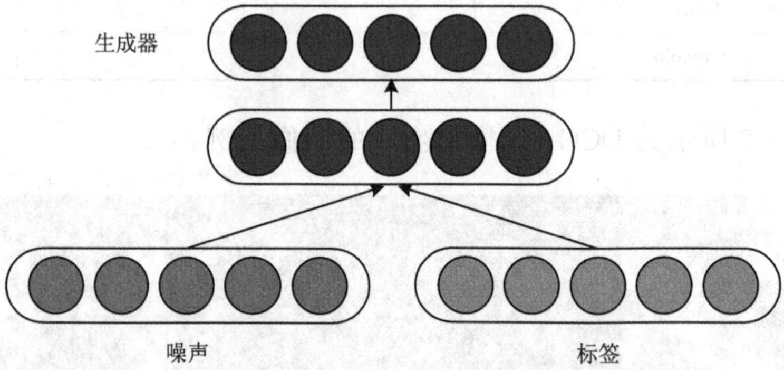

图 5－3　CGAN 模型的生成器结构示意图

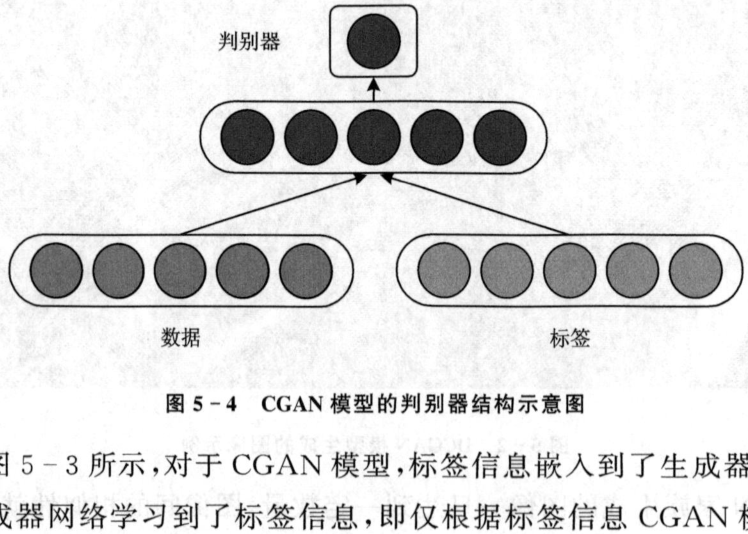

图 5－4　CGAN 模型的判别器结构示意图

如图 5－3 所示，对于 CGAN 模型，标签信息嵌入到了生成器网络中，使得生成器网络学习到了标签信息，即仅根据标签信息 CGAN 模型就可

以生成一幅未见过的图像。如图 5-4 所示，标签信息与输入数据合并经过判别器网络。

表 5-3 和表 5-4 所列为 CGAN 模型的主要参数。

表 5-3　CGAN 模型生成器对应的卷积参数

层　数	卷积核大小/数量或节点数	步　长
Fc1	8192	—
ReLU-BN	512	—
ConvTrans1	5 * 5/256	2
ReLU-BN	256	—
ConvTrans2	5 * 5/128	2
ReLU-BN	128	—
ConvTrans3	5 * 5/64	2
ReLU-BN	64	—
ConvTrans4	5 * 5/3	2
ReLU-BN	3	—
Tanh	—	—

表 5-4　CGAN 模型判别器对应的卷积参数

层　数	卷积核大小/数量或节点数	步　长
Conv1	5 * 5/64	2
Leaky ReLU	64	—
Conv2	5 * 5/128	2
Leaky ReLU-BN	128	—
Conv3	5 * 5/256	2
Leaky ReLU-BN	256	—
Conv4	5 * 5/512	2
Leaky ReLU-BN	512	—
Fc1	1	—
Sigmoid	—	—

图 5-5 所示为 CGAN 模型生成的图像示例。

本章采用三种数据集，分别为水下声呐图像原生均衡数据集、水下声

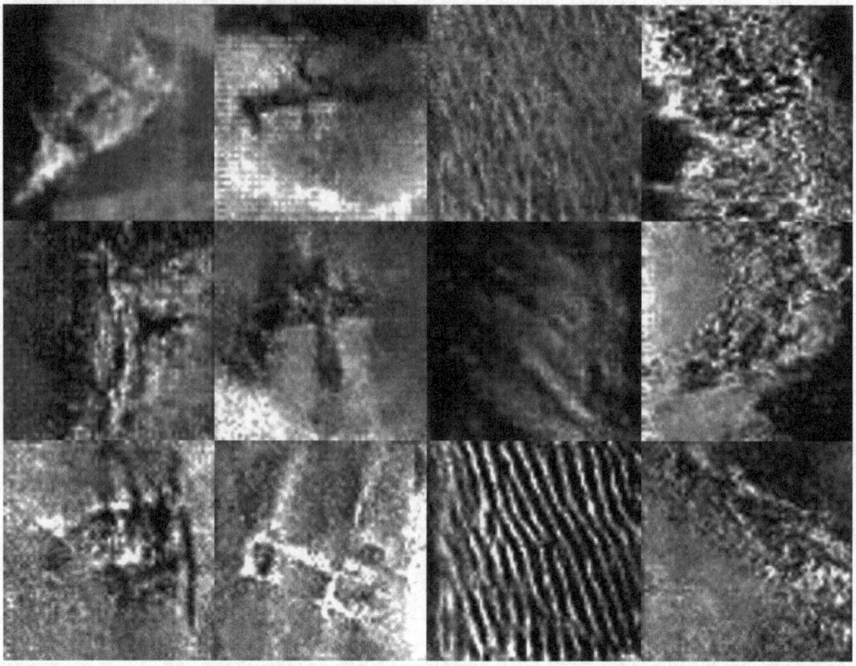

图 5-5 CGAN 模型生成的图像示例

呐图像原生非均衡数据集以及水下声呐图像生成数据集。均衡数据集是指不同类别之间数量差异较小的数据集,非均衡数据集是指不同类别之间数量差异较大的数据集。表 5-5 给出了数据集的具体描述。

表 5-5 数据集的具体描述

数据集	沉 船	沉 机	沙 纹	石 头	总 计
均衡数据集	213	222	201	219	855
非均衡数据集	342	111	201	219	873
生成数据集	1 000	1 000	1 000	1 000	4 000

表 5-5 中,非均衡数据集中主要是船和飞机的数量不均衡,达到了三倍的数量差。生成数据集总量大约是其余两种数据集的 5 倍,作为源域的数据集全部用于训练数据集的使用,同时在均衡和非均衡数据集上实验按照 4:1 的比例分割训练集和测试集。

5.3　基于残差网络的迁移学习无监督分类方法

2015 年何凯明等提出残差网络(Residual Network，ResNet)，它是基于深度卷积神经网络的深度残差网络，是最主流的迁移学习基础模型，具有容易优化、深度更深和准确率极高的优点[17]。深度学习之所以大放异彩，其中一个重要原因是可以通过深度来增强其函数族的拟合能力，但随着深度的增加，不可避免地产生训练参数急剧增加和梯度弥散的问题。ResNet 在一定程度上可以通过残差映射解决上述弊端。残差映射是在某一层中，直接取之前层的输入作为一部分输入，相当于跳过了权重相乘等运算，把这样一个单元称为残差块。图 5-6 给出了残差块的示意图。

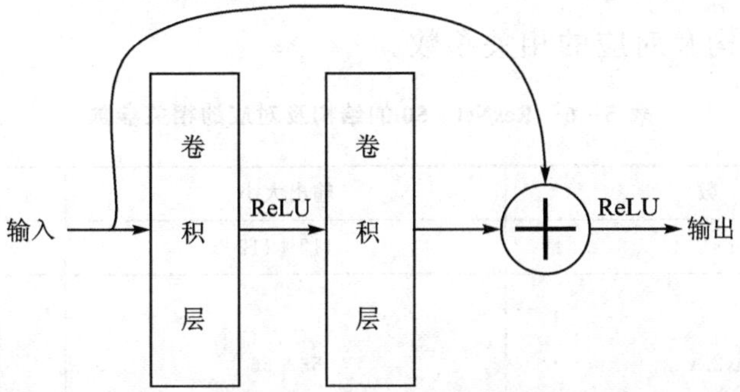

图 5-6　残差块示意图

ResNet 避免了随着深度增加计算量爆炸增长的弊端，但相应地根据残差块内的输入节点数、隐藏层节点数和输出节点数的不同，产生了瓶颈结构，即残差块的输入节点数经过隐藏层降低之后又扩增，此时通过引入卷积核尺寸大小为 1 的卷积操作，可以有效降低运算复杂度和减少运算量。通常超过 50 层的 ResNet 均采用瓶颈结构作为基础结构。此外，ResNet 没有使用 dropout 方法，而是全部采用了批标准化(Batch Normalization，BN)。BN 是用来解决由于深度的加深，网络前面部分参数的微小变化会在深层网络中被放大，从而使得训练难度增大的问题。在 mini-batch 的基础上，BN 对每个维度的特征分别进行标准化，使得每个特征的均值和方差一致。其次，BN 通过设置学习参数实现等价变换来解决信息丢失

的缺点。BN 在第 l 层具体的实现有

$$A^l = W^l X^{l-1} + b^l$$

$$\mu = \frac{1}{m}\sum_{i=1}^{m} A^{l,i}$$

$$\sigma^2 = \frac{1}{m}\sum_{i=1}^{m} (A^{l,i} - \mu)^2 \qquad (5-4)$$

$$\widetilde{A}^l = \gamma \cdot \frac{A^l - \mu}{\sqrt{\sigma^2 + \varepsilon}} + \beta$$

$$X^l = \mathrm{act}(\widetilde{A}^l)^l$$

式中，$\varepsilon > 0$；β 和 γ 为 BN 学习参数。

ResNet－50 被用于迁移学习进行无监督分类。表 5－6 所列为 ResNet－50 的结构及对应的相关参数。

表 5－6　ResNet－50 的结构及对应的相关参数

层　数	输出大小	参数配置
Conv1	112 * 112	7 * 7/64
Conv2. x	56 * 56	[1 * 1/64; 3 * 3/64; 1 * 1/256] ×3
Conv3. x	28 * 28	[1 * 1/128; 3 * 3/128; 1 * 1/512] ×4
Conv4. x	14 * 14	[1 * 1/256; 3 * 3/256; 1 * 1/1 024] ×6
Conv5. x	7 * 7	[1 * 1/512; 3 * 3/512; 1 * 1/2 048] ×3

对于迁移学习，源域数据集规模相对较大，所以在源域上的训练模型特征提取能力特别强，而且可以广泛应用于相似的数据集上。使用最广

泛、最基础的迁移学习方法是微调(Fine－tune)方法[18]，即通过一部分目标域数据集的有监督 BP 算法，更新一部分源域数据集上训练模型的参数，从而实现在目标域数据集上较高精度的识别。

将 ResNet－50 作为训练模型，在 ImageNet2012 数据集上训练并保存，用于 Fine-tune 的数据集先后选择生成数据集和原生数据集。为实现无监督的迁移学习，采用伪标签技术，利用预先训练好的 ResNet－50 对数据集进行分类，采用式(5－5)的策略进行伪标签，即

$$\hat{y}=\{x_i \mid x_i \in X, \max(f_{\text{res}}(x_i) \geqslant T)\} \tag{5-5}$$

式中，$f_{\text{res}}(\cdot)$表示 ResNet－50 的分类函数，T 为阈值。

基于残差网络迁移学习无监督分类方法的具体过程如算法 5－1 所示。

算法 5－1　基于残差网络迁移学习无监督分类方法。

输入：ResNet－50 模型 $\text{Model}_{\text{res50}}$，生成数据 X_{gen}，原生数据 X_{sonar}；

输出：标签 y；

过程：

① 在 ImageNet2012 上训练 $\text{Model}_{\text{res50}}$，并且得到预训练后的模型 $\text{Model}_{\text{res50}}^{\text{pre}}$；

② 计算伪标签 $\hat{y}_{\text{gen}}=\text{Model}_{\text{res50}}^{\text{pre}}(X_{\text{gen}})$，$\hat{y}_{\text{sonar}}=\text{Model}_{\text{res50}}^{\text{pre}}(X_{\text{sonar}})$；

③ 移除最后一层并增加 BN 层和分类层；

④ for 训练迭代次数 do

⑤ 进行 Fine-tune：$\text{Model}_{\text{ft}}=\text{Fine-tune}(X_{\text{gen}}, \hat{y}_{\text{gen}})$；

⑥ end for

⑦ for 训练迭代次数 do

⑧ Fine－tune 更新：$\text{Model}_{\text{ft}}=\text{Fine-tune}(X_{\text{sonar}}, \hat{y}_{\text{sonar}})$；

⑨ end for

⑩ $y=\text{Model}_{\text{ft}}(X_{\text{sonar}})$。

无论是有监督还是无监督的分类任务，主要的评判标准是分类正确率。分类正确率高代表模型在此数据集上的表现良好，但是分类正确率是一个总体评价指标，它无法了解到各种类别的具体分类情况，也无法体现

非均衡数据集上模型的具体表现。因此本章采用混淆矩阵[19]作为实验的主要评价指标。

图 5-7 所示为基于残差网络迁移学习无监督分类结果的混淆矩阵图。图 5-7(a)是水下声呐图像原生均衡数据集上的混淆矩阵图，图 5-7(b)是水下声呐图像原生非均衡数据集上的混淆矩阵图。表 5-7 所列为分类正确率。

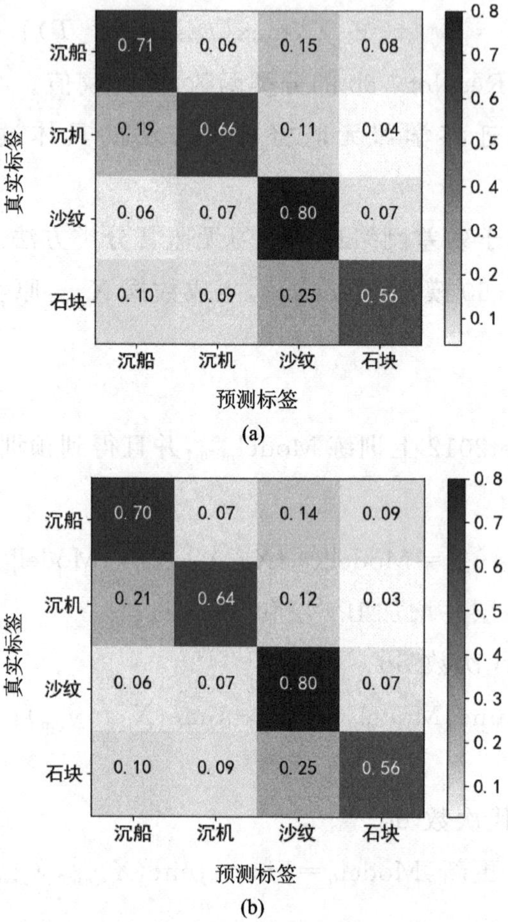

图 5-7　基于残差网络迁移学习无监督分类结果的混淆矩阵图

表 5-7　基于残差网络迁移学习无监督分类正确率

%

模型＼数据集	均衡数据集	非均衡数据集
基于残差网络的迁移学习	67.95	68.04

由图 5-7 分析可得，在图 5-7(a)中基于 ResNet-50 的迁移学习在经过伪标签微调后，其无监督分类的精度相对较好。同时将图 5-7(a)和图 5-7(b)进行对比可以得知，数据集的均衡与否对每类样本的分类精度影响很小，每类的正确率几乎不变，结合表 5-7 可以得出，分类正确率几乎保持了一致，仅在 0.2%的范围内波动，几乎不受数据集均衡性的影响。同时，根据分子同比例增多原则，由于易被分类的沉船数量增加，故分类正确率反而有约 0.1%的增长。

5.4　基于深度聚类网络的无监督分类方法

深度聚类网络(Deep Clustering for Unsupervised Learning of Visual Features, DeepCluster)[20]也是基于深度卷积神经网络，并且通过与 K-means 聚类方法结合，利用伪标签技术实现无监督分类任务。图 5-8 给出了 DeepCluster 的结构示意图。

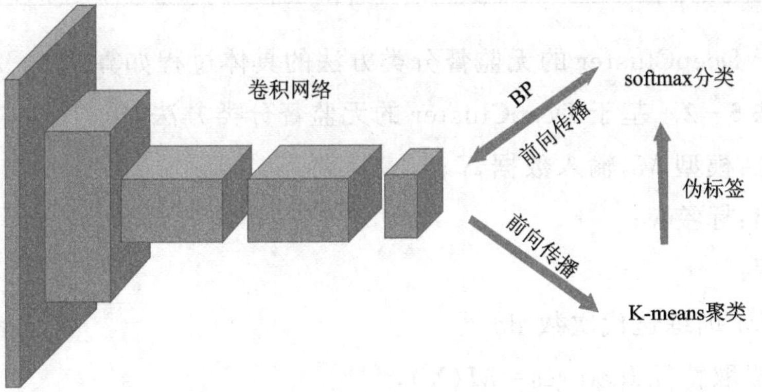

图 5-8　DeepCluster 的结构示意图

DeepCluster 是利用 CNN 提取特征，同时将特征传入到 K-means 聚类算法中，并将获得的伪标签作为标签值传入到分类器中，再对 CNN 的特征提取部分进行参数更新，从而循环训练得到较好的效果。DeepCluster 的优势是利用聚类所得的标签信息作为伪标签，将标签信息融入到卷积特征提取过程中，经过前向传播和分类的 BP 算法，在一定程度上保证特征提取能力，以近似监督学习的方式完成无监督分类算法。

表 5－8 所列为 DeepCluster 的结构及对应的相关参数。

表 5－8　DeepCluster 的结构及对应的相关参数

层　数	核大小/核数量	步　长
Conv1	5 * 5/96	4
BN1	96	—
Maxpool1	3 * 3	2
Conv2	5 * 5/256	1
BN2	256	—
Maxpool2	3 * 3	2
Conv3	5 * 5/384	1
BN3	384	—
Conv4	5 * 5/384	1
BN4	384	—
Conv5	5 * 5/256	1
Maxpool3	3 * 3	2

基于 DeepCluster 的无监督分类方法的具体过程如算法 5－2 所示。

算法 5－2　基于 DeepCluster 的无监督分类方法。

输入：模型 M，输入数据 X；

输出：标签 y；

过程：

① for 训练迭代次数 do

② 提取特征 features$=M(X)$；

③ 计算伪标签 $\text{lable}_{\text{pesudo}}=\text{K-means}(\text{features})$；

④ 进行反向传播 $\text{BP}(\text{softmax}(X,\text{label}_{\text{pesudo}}))$；

⑤ 更新参数 w 和 b；

⑥ end for

⑦ for 迭代次数 do

⑧ 预测 $y=M(X)$。

⑨ end for

图 5-9 所示为基于 DeepCluster 的无监督分类结果的混淆矩阵图。图 5-9(a)是水下声呐图像原生均衡数据集上的混淆矩阵图，图 5-9(b)是水下声呐图像原生非均衡数据集上的混淆矩阵图。表 5-9 所列为分类正确率。

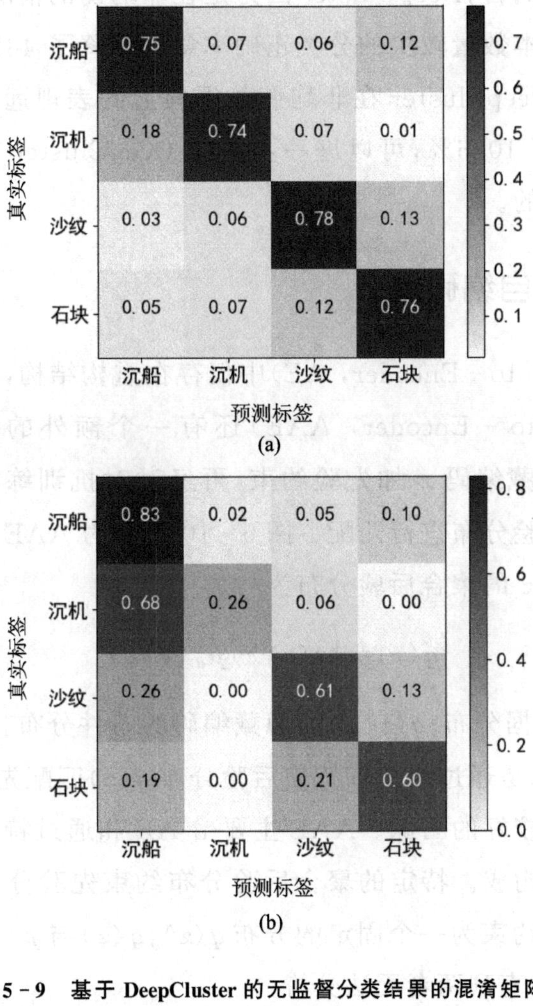

图 5-9　基于 DeepCluster 的无监督分类结果的混淆矩阵图

表 5-9　基于 DeepCluster 的无监督分类正确率

%

数据集 / 模型	均衡数据集	非均衡数据集
DeepCluster	75.91	65.29

由图 5-9 分析可得，在图 5-9(a)中 DeepCluster 利用 K-means 的聚类和卷积的特征提取能力，在均衡水下声呐图像数据集上进行训练，各类都得到了良好的分类正确率。将图 5-9(a)与图 5-9(b)对比可得，对于非均衡数据集而言，DeepCluster 因为是在非均衡的情况下训练，所以不可避免地导致样本数量较少的分类正确率急剧下降了 48%。结合表 5-9 的分类正确率，DeepCluster 在非均衡数据集上的表现远远差于均衡数据集，正确率降低了 10.6%，可以进一步得知 DeepCluster 在均衡数据集上的训练是过拟合的。

5.5　对抗自编码器

自编码器(Auto-Encoder, AE)中仅存在重构结构，而对抗自编码器(Adversarial Auto-Encoder, AAE)还有一个额外的部分，即对抗学习[21]。通过对隐藏编码 z 加先验约束，再经过对抗训练，AAE 才能将聚合后验与任意先验分布进行匹配。图 5-10 所示为 AAE 结构示意图。

在 AAE 中，z 的聚合后验分布为

$$q(z)=\int q(z|x)p_d(x)\mathrm{d}x \tag{5-6}$$

式中，$p_d(x)$为数据分布；$q(z|x)$为隐藏编码的条件分布。

AAE 的目标是通过对抗训练使后验分布 $q(z)$匹配先验 $p(z)$，同时确保能够生成质量较好的图像。AAE 主要由 AE 和通过特定的聚合后验分布约束先验分布构成。特定的聚合后验分布约束先验分布是通过对抗学习将隐藏编码 z 约束为一个固定的分布 $q(z)$，$q(z)$与 $p(z)$一起通过判别器进行对抗训练，直到两者无法分辨。

AAE 的一个显著优势是 $p(z)$分布可以是任意分布，因此可以对隐藏

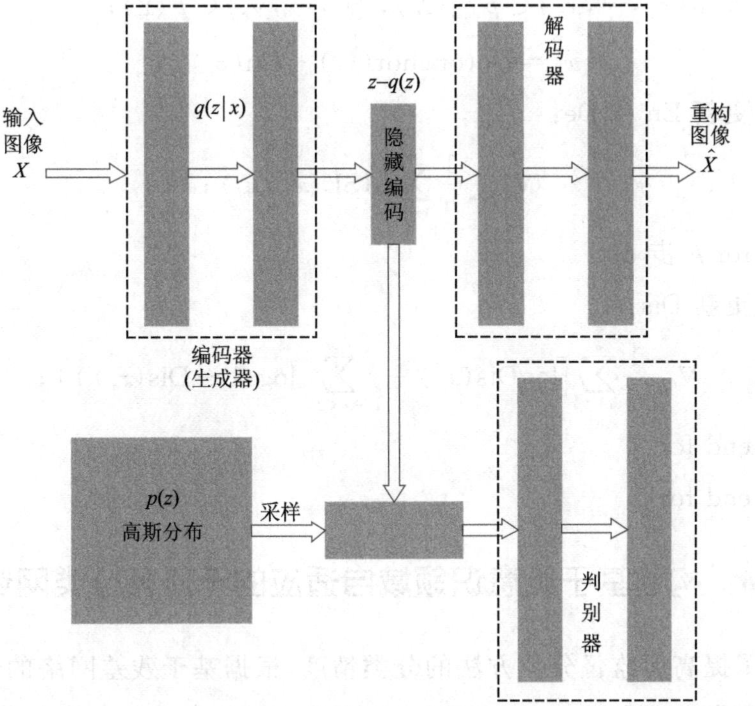

图 5-10　AAE 结构示意图

编码 z 进行任意约束，只要能使对抗学习训练的过程实现判别器无法分辨即可。这种情况下，除了可以增加 $p(z)$ 分布的复杂性，也可以提供逼近任意实际分布的可能性，即只要保证所需要逼近的真实数据的采样及对抗训练收敛，理论上就可以实现。另外，AAE 提供了一种监督学习的生成方式，即将标签信息热编码，再与隐藏编码 z 相结合，从而有类别地生成解码。

有监督 AAE 训练算法的具体过程如算法 5-3 所示。

算法 5-3　有监督 AAE 训练算法。

输入：样本 X，标签 Y，隐藏编码 Z；

输出：参数 θ；

过程：

① for 训练迭代次数 do

② 采样 $\{z_1,\cdots,z_n\}\in p(Z)$；

③ 采样$\{x_1,\cdots,x_n\}\in p_{\text{data}}(X)$，$\{y_1,\cdots,y_n\}\in p(Y)$；

$$\hat{x}_i=\text{De}(\text{onehot}(y_i)+\text{En}(z_i))；$$

④ 更新 En 和 De：

$$\nabla_{\theta_{\text{En,De}}}\frac{1}{n}\sum_{i=1}^{n}\text{MSE}(x_i,\hat{x}_i)；$$

⑤ for k 步 do

⑥ 更新 Dis：

$$\nabla_{\theta_{\text{Dis}}}\frac{1}{n}\sum_{i=1}^{n}\left[\log\text{Dis}(x_i)+\sum_{z_i\in p(Z)}\log(1-\text{Dis}(z_i))\right]；$$

⑦ end for

⑧ end for

5.6 构建基于类意识领域自适应的无监督分类网络模型

为了提高无监督分类方法的分类精度，根据基于残差网络的迁移学习无监督分类方法和基于 DeepCluster 的无监督分类方法各自的优点，结合 AAE，提出基于类意识领域自适应的无监督分类（Classification using Class-Consensus for Unsupervised Domain Adaptation，CCUDA）网络模型，提高水下声呐图像无监督分类精度。图 5－11 所示为 CCUDA 网络模型的流程图[22]。

提出构建的 CCUDA 网络模型将无监督、非均衡、分类三者融合统一，实现了无监督学习下水下声呐图像的分类。该模型由编码器、解码器（生成器）和判别器组成，以对抗学习的方式结合特征学习和类别信息，以重构的方式保持域内特征和域间特征。学习表示过程中的不变特征和判别特征一起将目标域上的预测误差最小化，并且受 AAE 的启发，数据分布匹配是通过匹配域之间隐藏空间的对齐实现的；源域表示水下声呐图像生成数据集及在其上训练的模型，其中数据标签与基于残差网络的迁移学习无监督分类方法采用同样来源和阈值设定；目标域表示均衡或非均衡水下声呐图像数据集及从源域迁移过来再进行训练的模型。

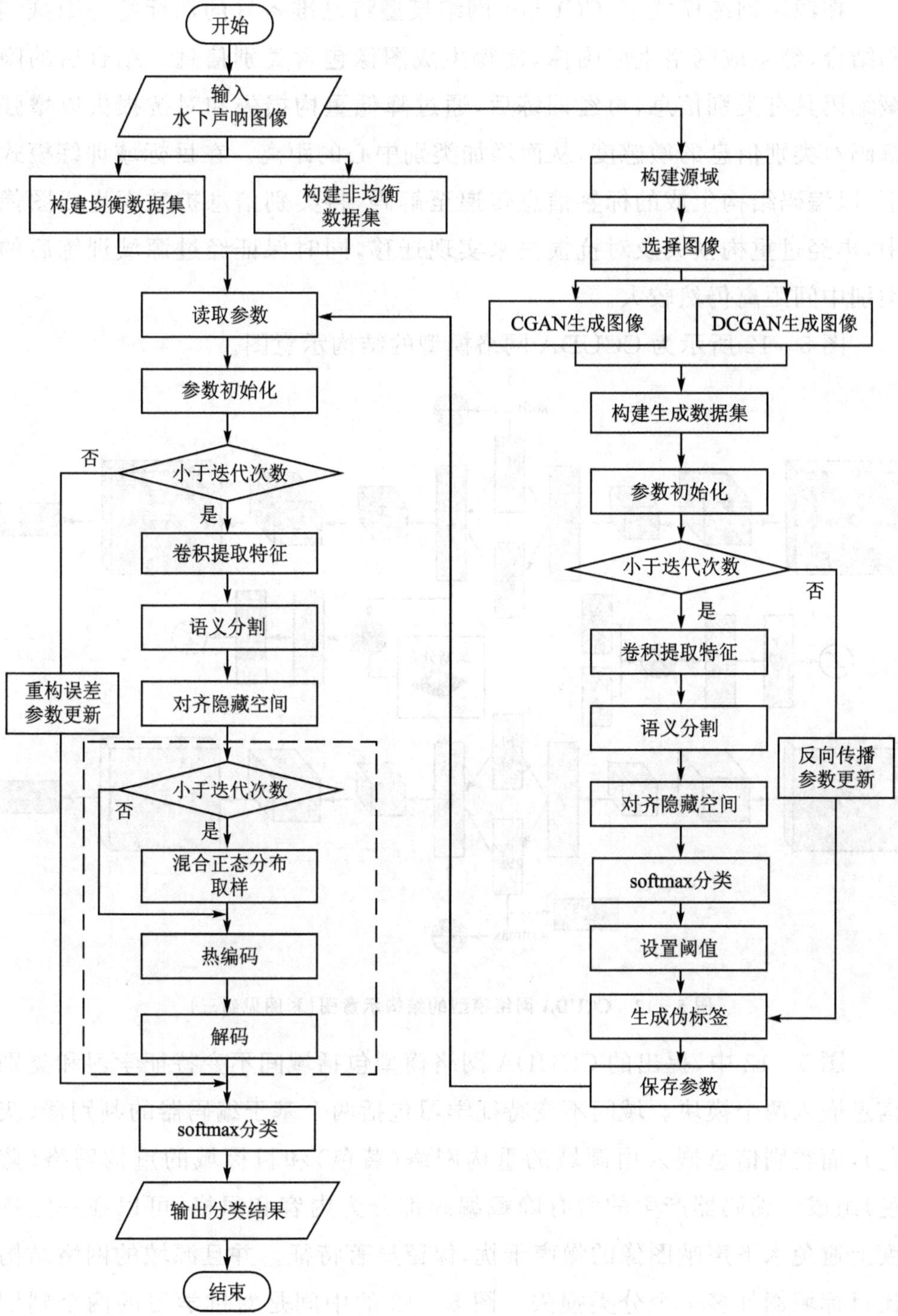

图 5－11　CCUDA 网络模型的流程图

在源域训练模式下，CCUDA 网络模型将已准备好的伪标签与隐藏编码结合，经生成网络生成图像，使得生成图像包含类别信息。结合后的隐藏编码具有类别信息，再经训练后，通过降低重构损失和对抗损失以增强解码对类别信息的敏感度，从而增加类别中心的距离。在目标域训练模式下，以编码结构生成的标签信息传递至解码，将类别信息扩散至生成图像中，再经过重构损失及对抗损失来实现迁移，同时保证经过源域训练后的类别中间距离仍然较大。

图 5－12 所示为 CCUDA 网络模型的结构示意图。

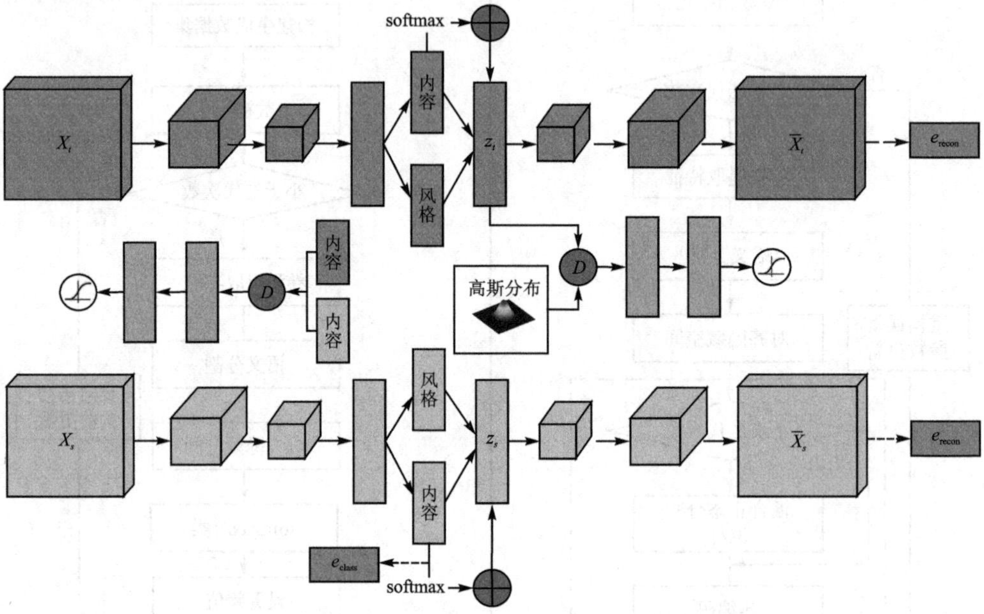

图 5－12　CCUDA 网络模型的结构示意图(彩图见封三)

图 5－12 中，提出的 CCUDA 网络模型包括域间不变特征学习和类别信息嵌入两个模块。域间不变特征学习包括两个基于编码器的判别器(灰色)，而类别信息嵌入由源域的重构网络(黄色)和目标域的重构网络(蓝色)组成。编码器产生的所有隐藏编码都分为内容和风格，可以在一定程度上避免水下声呐图像的噪声干扰，保留显著特征。并且源域的网络结构比目标域额外多一个分类损失。图 5－12 的中间是对抗学习的两个判别器，左边用于内容的对齐，右边用于隐藏空间的对齐。所有分类结果均使

用交叉熵损失的 softmax 分类器的内容。

在 CCUDA 网络模型中，标签信息被合并到隐藏编码中。有标签的数据不仅是编码器的输入，还是解码器的输入，与隐藏编码结合后，来自类别分布 $p(y)$ 的标签将参与重构。源域中提供了标签信息，以便将标签编码为热编码，标签的热编码类似于分类器，并且代码的 i_{th} 表示为标签索引即类别。基于对抗学习，连续隐藏变量和热编码向量将交替更新网络。在目标域中没有标签的情况下，源域的分类器将被重新使用，以生成用于重构的热编码向量。源域和目标域之间的唯一区别是源域具有对抗性，可以令标签编码骗过判别器。

解码器利用类别信息和隐藏编码来重构输入，则相应的经过编码、解码的损失为

$$\mathrm{loss}(X,\hat{X})=\sum \mathrm{MSE}(x,g(f(x))) \tag{5-7}$$

在 CCUDA 网络模型中的对抗学习，一是将设定好的分布与先验分布进行匹配，使数据集更加分散，并使类间差异更大；二是将标签信息用作热编码向量，并将类别分布与标签信息分布相对抗。因此，在重建阶段，标签信息将确保类内差异更大和域不变特征。在图像风格迁移中，内容被视为图像的表现形式，是主要内容，风格则是背景或者噪声，通过两者的分离可以将图像的高级语义信息剥离出来[23,24]。受风格迁移启发，将内容和风格分割，以保证能完好地提取域不变特征，并且可以仅将内容分布对齐，使水下声呐图像的噪声影响被尽可能消除。

CCUDA 网络模型通过 AAE 监督学习的方式，将标签信息嵌入至解码器中，经过水下声呐图像生成数据集的训练，使解码器学习到类信息；另外，通过目标域的训练，即对平衡或非平衡水下声呐图像数据集重构，使得标签信息得以传递，增强目标域的类意识。对于 CCUDA 网络模型，所有的分布逼近都是通过对抗学习的方式实现，源域上的重构损失与分类损失保证提取到域不变特征，对抗损失保证内容信息与风格信息差异最大化，同时令标签信息较好地嵌入解码器，最终使得目标域具有类意识，实现较高精度的无监督分类。

表 5－10 所列为 CCUDA 网络模型的编码器结构及对应的相关参数。

表 5－10　编码器的结构及对应的相关参数

层　数	核大小/数量或节点数量	步　长
Conv1	5＊5/64	2
Leaky ReLU	64	—
Conv2	5＊5/128	2
Leaky ReLU－BN	128	—
Conv3	5＊5/256	2
Leaky ReLU－BN	256	—
Conv4	5＊5/512	2
Leaky ReLU－BN	512	—

表 5－11 所列为 CCUDA 网络模型的解码器结构及对应的相关参数。

表 5－11　解码器的结构及对应的相关参数

层　数	核大小/数量或节点数量	步　长
ConvTrans1	5＊5/256	2
ReLU－BN	256	—
ConvTrans2	5＊5/128	2
ReLU－BN	128	—
ConvTrans3	5＊5/64	2
ReLU－BN	64	—
ConvTrans4	5＊5/3	2
ReLU－BN	3	—
Tanh	—	—

表 5－12 所列为 CCUDA 网络模型的标签判别器结构及对应的相关参数。

表 5－12　标签判别器的结构及对应的相关参数

层　数	数　量
Fc1	500
ReLU	—

续表 5-12

层　数	数　量
Fc2	500
ReLU	—
Fc3	1
Sigmoid	—

表 5-13 所列为 CCUDA 网络模型的隐藏编码判别器结构及对应的相关参数。

表 5-13　隐藏编码判别器的结构及对应的相关参数

层　数	数　量
Fc1	500
ReLU	—
Fc2	500
ReLU	—
Fc3	1
Sigmoid	—

5.7 CCUDA 网络模型的泛化界

5.7.1 泛化界基础理论

泛化能力是机器学习的基础，假设集 H 内的函数不仅要应用于训练数据集，还要应用于未见数据集，因此，在未见数据集上的误差就是衡量泛化能力的标准。另外，假设集 H 越丰富，样本越多，训练误差就可能越低，但是在未见数据集上的误差就会增加[25]。因此，泛化能力取决于样本数量和假设集 H 的复杂程度，两者需要平衡才可以取得一个较高的泛化能力。如果样本少，但是函数复杂，就会产生过拟合。为实现一个较高的泛化能力，需要相应的理论定义和推理。

泛化误差的定义：给定一个假设 $h \in H$，一个目标概念 $c \in C$，根据未知数据分布 D，假设 h 的泛化误差为

$$R(h)=Pr[h(x)\neq c(x)]=\underset{x\sim D}{E}[1_{h(x)\neq c(x)}] \tag{5-8}$$

式中，1(·)为示性函数。

由于数据分布 D 和目标概念 c 都是未知的，因此泛化误差无法直接计算得出，可以采用样本数据集 S 计算经验误差，该数据集与 D 是独立同分布采样，进而能间接得出泛化误差。

给定一个假设 $h\in H$，一个目标概念 $c\in C$，根据大小为 m 的样本数据集 $S=\{z_1=(x_1,y_1),\cdots,z_m=(x_m,y_m)\}$，假设 h 的经验误差为

$$\hat{R}(h)=\frac{1}{m}\sum_{i=1}^{m}1_{h(x_i)\neq c(x_i)} \tag{5-9}$$

由于样本集 S 是独立同分布采样于数据分布 D，根据期望的性质有

$$\begin{aligned}\underset{S\sim D^m}{E}[\hat{R}(h)]&=\underset{S\sim D^m}{E}\left[\frac{1}{m}\sum_{i=1}^{m}1_{h(x_i)\neq c(x_i)}\right]\\&=\frac{1}{m}\sum_{i=1}^{m}\underset{S\sim D^m}{E}[1_{h(x_i)\neq c(x_i)}]\\&=\underset{S\sim D^m}{E}[1_{h(x)\neq c(x)}]=\underset{S\sim D}{E}[1_{h(x)\neq c(x)}]\\&=R(h)\end{aligned} \tag{5-10}$$

根据式(5-10)，样本数据集 S 上经验误差的期望就等于数据分布 D 的泛化误差。泛化能力越高，泛化误差就越低，降低泛化误差的目标就成了降低经验误差期望的目标，而泛化界主要是由经验误差和泛化误差决定。

由于泛化能力的高低主要取决于经验误差，对于如何表示其中的具体关系，需要借助概率近似正确(Probably Approximately Correct, PAC)学习框架进行定义。PAC 学习框架具体定义如下：

对于学习算法 A，存在一个多项式函数 poly(·)，使得任意 $\varepsilon>0$，$\delta>0$，所有数据分布 D 和目标概念 $c\in C$，以及 $m\geqslant \text{poly}(1/\varepsilon,1/\delta,n,\text{size}(c))$，假设 h_s 有

$$Pr[R(h_s)\leqslant\varepsilon]\geqslant 1-\delta \tag{5-11}$$

C 为 PAC 可学习，学习算法 A 称为 PAC 学习算法。根据定义，只要满足 PAC 学习框架，就至少有 m 个样本以 $1-\delta$ 的概率实现 $1-\varepsilon$ 的准确

率。泛化界也是通过 PAC 的定义而来，即指学习算法以至少 $1-\delta$ 的概率得到一个依赖于样本规模 m 和 δ 的值作为 $R(h)$ 的界。在理想情况下，$\hat{R}(h_S)=0$，即训练损失为 0，此时满足 PAC 可学习的条件为

$$|H|<\infty,\quad m>\frac{1}{\varepsilon}\left(\log|H|+\log\frac{1}{\delta}\right) \tag{5-12}$$

则泛化上界为

$$R(h_S)\leqslant\frac{1}{m}\left(\log|H|+\log\frac{1}{\delta}\right) \tag{5-13}$$

由式(5－13)可以得出，在假设集有限的情况下，泛化误差与样本大小 m 成反比，与假设集 $|H|$ 的大小成正比(对数型)。但是在实际的机器学习中，并不能保证经验损失为 0，因此会更为复杂。根据 Hoeffding 不等式有

$$\begin{aligned}&Pr\left[S_m-E\left[S_m\right]\geqslant\varepsilon\right]\leqslant \mathrm{e}^{-2\varepsilon^2/\sum_{i=1}^{m}(b_i-a_i)^2}\\&Pr\left[S_m-E\left[S_m\right]\leqslant-\varepsilon\right]\leqslant \mathrm{e}^{-2\varepsilon^2/\sum_{i=1}^{m}(b_i-a_i)^2}\end{aligned} \tag{5-14}$$

式中，$S_m=\sum_{i=1}^{m}X_i$，X_i 为独立随机变量，$X_i\in[a_i,b_i]$，$\varepsilon>0$。

式(5－14)可以使式(5－15)的不等式成立，具体为

$$\begin{aligned}&\underset{S\sim D_m}{Pr}\left[\hat{R}(h)-R(h)\geqslant\varepsilon\right]\leqslant \mathrm{e}^{-2m\varepsilon^2}\\&\underset{S\sim D_m}{Pr}\left[\hat{R}(h)-R(h)\leqslant-\varepsilon\right]\leqslant \mathrm{e}^{-2m\varepsilon^2}\end{aligned} \tag{5-15}$$

令式(5－15)的右侧等于 δ，可得出单一假设的泛化界，具体为

$$R(h)\leqslant\hat{R}(h)+\sqrt{\frac{\log\frac{2}{\delta}}{2m}} \tag{5-16}$$

将式(5－16)结合联合界，即

$$Pr\left[\exists h\in H\mid\hat{R}(h)-R(h)\right]=Pr\left[\bigcup_{i=1}^{|H|}\mid\hat{R}(h_i)-R(h_i)\mid\right] \tag{5-17}$$

令式(5－17)右边等于 δ，式(5－18)是有限假设集不一致情况下的泛化界，

有

$$R(h) \leqslant \hat{R}(h) + \sqrt{\frac{\log|H| + \log\frac{2}{\delta}}{2m}} \tag{5-18}$$

因此，在 $\hat{R}(h_S)$ 不能完全等于 0 的情况下，泛化误差的平方与假设集容量 $|H|$ 是对数相关的。所以在实际的机器学习训练中，在一定的经验误差情况下，应该令假设集的容量更小些，也就是说函数空间更小些。

在假设集容量 $|H|$ 为有限集的情况下，泛化界可以非常简单地推算出来，但是正如同 $\hat{R}(h_S)$ 不能完全为 0 的情况，机器学习中使用的假设集一般是无限的，因此，将无限集约束为有限集就满足了实际的训练需求，Rademacher 复杂度因此引入。

Rademacher 复杂度定义为

$$\mathfrak{R}_m(G) = \underset{S \sim D^m}{E}[\mathfrak{R}_S(G)] \tag{5-19}$$

式中，G 表示映射函数族，将输入映射到区间 $[a, b]$；S 是规模大小为 m 的数据集；$\mathfrak{R}_S(G)$ 为经验 Rademacher 复杂度。

经验 Rademacher 复杂度定义为

$$\mathfrak{R}_S(G) = E\left[\sup_{g \in G} \frac{1}{m} \sum_{i=1}^{m} \sigma_i g(z_i)\right] \tag{5-20}$$

式中，σ_i 为 Rademacher 变量，取值于独立同分布的 $\{-1, +1\}$。

Rademacher 复杂度是通过衡量假设集拟合噪声的效果来度量其函数族的丰富度。根据 McDiarmid 不等式，获得 $\mathfrak{R}_m(G)$ 的界，即

$$\mathfrak{R}_m(G) \leqslant \mathfrak{R}_S(G) + \sqrt{\frac{\log\frac{2}{\delta}}{2m}} \tag{5-21}$$

在式(5-21)的基础上，对于任意函数 $\Phi(S)$ 有

$$\Phi(S) = \sup_{g \in G} E_S[g] - \hat{E}_S[g] \tag{5-22}$$

在数据集 S 的基础上，定义数据集 $S^i = \{z_1, \cdots, z_{i-1}, z'_i, z_{i+1}, \cdots z_m\}$ 和 $S^{\backslash i} = \{z_1, \cdots, z_{i-1}, z_{i+1}, \cdots z_m\}$。根据上确界的差小于差的上界，结合式(5-22)可得

$$|\Phi(S^i) - \Phi(S)| \leqslant |\sup_{g \in G} \hat{E}_S[g] - \hat{E}_{S^i}[g]| \leqslant \frac{1}{m} \tag{5-23}$$

对式(5-23)使用 McDiarmid 不等式，对于任意的 $\delta>0$，至少有 $1-\delta/2$ 的概率式(5-24)成立，即

$$\Phi(S)=E_S[\Phi(S)]+\sqrt{\frac{\log\frac{2}{\delta}}{2m}} \tag{5-24}$$

而式(5-24)等号右侧 $E_S[\Phi(S)]$ 具有上界，即

$$\begin{aligned}E_S[\Phi(S)]&=E_S[\sup_{g\in G}E_S[g]-\hat{E}_S[g]]\\&\leqslant \underset{S,S^i}{E}[\sup_{g\in G}\hat{E}_{S^i}[g]-\hat{E}_S[g]]\\&=\underset{\sigma,S,S^i}{E}\left[\sup\frac{1}{m}\sum_{i=1}^{m}\sigma_i(g(z_i^i)-g(z_i))\right]\\&\leqslant 2\underset{\sigma,S}{E}\left[\sup\frac{1}{m}\sum_{i=1}^{m}\sigma_i(g(z_i))\right]\\&=2\mathfrak{R}_m(G)\end{aligned} \tag{5-25}$$

根据式(5-21)，令 δ 替换为 $\delta/2$，式(5-23)可转化为

$$\Phi(S)\leqslant 2\mathfrak{R}_S(G)+3\sqrt{\frac{\log\frac{2}{\delta}}{2m}} \tag{5-26}$$

令式(5-26)中 G 为关于假设集 H 的 0－1 损失函数族，对于数据集 S，有

$$\mathfrak{R}_S(G)=\underset{\sigma}{E}\left[\sup_{h\in H}\frac{1}{m}\sum_{i=1}^{m}\sigma_i\,\frac{1-y_ih(x_i)}{2}\right]=\frac{1}{2}\mathfrak{R}_S(H) \tag{5-27}$$

通过式(5-22)将函数族 G 与假设集 H 联系起来，结合式(5-26)可得 Rademacher 复杂度的界为

$$\left.\begin{aligned}R(h)\leqslant\hat{R}(h)+\mathfrak{R}_m(H)+\sqrt{\frac{\log\frac{1}{\delta}}{2m}}\\R(h)\leqslant\hat{R}(h)+\mathfrak{R}_S(H)+3\sqrt{\frac{\log\frac{2}{\delta}}{2m}}\end{aligned}\right\} \tag{5-28}$$

由式(5－28)可知，基于 Rademacher 复杂度的泛化界是通过计算经验 Rademacher 复杂度得到的，即通过式(5－20)计算得出，而这主要取决于对假设集 H 的测量。

引入生长函数对假设集 H 的丰富度进一步计算，从而得到基于 Rademacher 复杂度的泛化界。假设集 H 的生长函数定义为

$$\forall m \in \mathbf{N},\quad \Pi_H(m) = \max \bigcup_{i=1}^{m} (h(x_i)) \tag{5-29}$$

假设集 H 可以将 S_m 完成最大分类方式数。因此，式(5－29)可以写为

$$\Re_m(G) \leqslant \sqrt{\frac{2\log \Pi_G(m)}{m}} \tag{5-30}$$

根据式(5－30)可知，泛化界的计算已经由假设集 H 的测量得出，具体是计算所有样本子集的最大分类方式数。

为进一步简化和降低计算量，引入 VC 维(Vapnik-Chervonenkis Dimension)的概念，VC 维的定义为

$$\mathrm{VCdim}(H) = \max\{m : \Pi_H(m) = 2^m\} \tag{5-31}$$

假设集 H 的 VC 维表示其能被完全打散的最大集合的大小。打散是指可以用假设集 H 实现其内的元素对数据集 S_m 进行标记的所有方式。根据 Sauer 引理，有

$$\Pi_H(m) \leqslant \sum_{i=0}^{d} \begin{bmatrix} m \\ i \end{bmatrix} \tag{5-32}$$

则可以推出：

$$\Pi_H(m) \leqslant \sum_{i=0}^{d} \begin{bmatrix} m \\ i \end{bmatrix} \leqslant \sum_{i=0}^{m} \begin{bmatrix} m \\ i \end{bmatrix} \left(\frac{m}{d}\right)^{d-i} = \left(\frac{m}{d}\right)^{d} \left(1 + \frac{d}{m}\right)^{m} \leqslant \left(\frac{\mathrm{e}m}{d}\right)^{d} \tag{5-33}$$

根据式(5－28)、式(5－30)和式(5－33)得出基于 VC 维的泛化界为

$$R(h) \leqslant \hat{R}(h) + \sqrt{\frac{2d\log \frac{\mathrm{e}m}{d}}{m}} + \sqrt{\frac{\log \frac{1}{\delta}}{2m}} \tag{5-34}$$

5.7.2 CCUDA 网络模型的泛化上界

由于算法一致稳定性(Uniform Stability)与泛化具有直接联系，故一

致稳定性被定义为“如果一个学习算法 h 的损失函数满足式(5－35)的关系，则称其为一致稳定性 β”，即[26]

$$\forall S \in \mathbf{Z}^m,\quad \forall i \in \{1,\cdots,m\},\ \| l(h_S,\cdot) - l(h_{S^{\backslash i}},\cdot) \|_\infty \leqslant \beta \tag{5-35}$$

由式(5－36)推导一致稳定性 β 与泛化的关系，有

$$| l(A_S,z) - l(A_{S^i},z) | \leqslant | l(h_S,z) - l(h_{S^{\backslash i}},z) | + | l(h_{S^i},z) - l(h_{S^{\backslash i}},z) | \leqslant 2\beta \tag{5-36}$$

对于分类算法，一致稳定性 β 可以具体化为分类稳定性 β，定义为

$$\forall S \in \mathbf{Z}^m,\quad \forall i \in \{1,\cdots,m\},\quad \| h_S(\cdot) - h_{S^{\backslash i}}(\cdot) \|_\infty \leqslant \beta \tag{5-37}$$

式(5－37)定义了分类学习算法的稳定性，通过建立起一致稳定性 β 和分类稳定性 β 之间的关系，从而令分类学习算法能够应用于一致稳定性 β 的性质。在证明两者之间的关系之前，需要先行定义损失函数 $l_\gamma(f,z) = c_\gamma(f(x),y)$，其中 $c_\gamma(\cdot)$ 定义为

$$c_\gamma(y,\hat{y}) = \begin{cases} 1, & y\hat{y} \leqslant 0 \\ 1 - \dfrac{y\hat{y}}{\gamma}, & 0 \leqslant y\hat{y} \leqslant \gamma \\ 0, & y\hat{y} \geqslant \gamma \end{cases} \tag{5-38}$$

将 $c_\gamma(\cdot)$ 设置为 $1/\gamma$－Lipschitz 可以证明分类一致稳定性 β 具有一致稳定性 β。结合相应的误差估计可以得出相应的分类泛化界。

相应的经验误差估计为

$$\hat{R}^\gamma(h,S) = \frac{1}{m}\sum_{i=1}^{m} l_\gamma(h_S,z_i) \tag{5-39}$$

去一(leave-one-out，LOO)误差估计为

$$R_{\text{loo}}^\gamma(h,S) = \frac{1}{m}\sum_{i=1}^{m} l_\gamma(h_{S^{\backslash i}},z_i) \tag{5-40}$$

结合概率近似正确框架，可以得出相应的泛化界为

$$R \leqslant \hat{R}^{\gamma} + 2\frac{\beta}{\gamma} + \left(4m\frac{\beta}{\gamma} + 1\right)\sqrt{\frac{\ln 1/\delta}{2m}}$$

$$R \leqslant \hat{R}^{\gamma}_{\text{loo}} + \frac{\beta}{\gamma} + \left(4m\frac{\beta}{\gamma} + 1\right)\sqrt{\frac{\ln 1/\delta}{2m}} \tag{5-41}$$

对于式(5-41)的证明，首先由式(5-37)、式(5-39)和式(5-40)作差可得

$$|R - R^{\backslash i}| \leqslant E[|l(A_S, z) - l(A_{S^{\backslash i}}, z)|] \leqslant \frac{\beta}{\gamma} \tag{5-42}$$

$$\begin{aligned}|\hat{R} - \hat{R}^{\backslash i}| &\leqslant \frac{1}{m}\sum_{j \neq i}[|l(A_S, z_j) - l(A_{S^{\backslash i}}, z_j)|] + \frac{1}{m}|l(A_S, z_i)| \\ &\leqslant \frac{\beta}{\gamma} + \frac{1}{m}|l(A_S, z_i)|\end{aligned} \tag{5-43}$$

由式(5-40)可得

$$\frac{1}{m}|l(A_S, z_i)| \leqslant \frac{1}{m} \tag{5-44}$$

因此有

$$|\hat{R} - \hat{R}^{\backslash i}| \leqslant \frac{\beta}{\gamma} + \frac{1}{m} \tag{5-45}$$

同理可以证得

$$|R - R^{i}| \leqslant |R - R^{\backslash i}| - |R^{\backslash i} - R^{i}| \leqslant 2\frac{\beta}{\gamma} \tag{5-46}$$

$$|\hat{R} - \hat{R}^{i}| \leqslant |\hat{R} - \hat{R}^{\backslash i}| - |\hat{R}^{\backslash i} - \hat{R}^{i}| \leqslant 2\frac{\beta}{\gamma} + \frac{2}{m} \leqslant 2\frac{\beta}{\gamma} + \frac{1}{m} \tag{5-47}$$

根据式(5-42)～式(5-47)，可得

$$\begin{aligned}E_S[R - \hat{R}] &\leqslant E_{S,z'_i}[|l(A_S, z'_i) - l(A_{S^i}, z'_i)|] \\ &\leqslant E_{S,z'_i}[|l(A_{S^i}, z'_i) - l(A_{S^{\backslash i}}, z'_i)|] + \\ &\quad E_{S,z'_i}[|l(A_{S^{\backslash i}}, z'_i) - l(A_S, z'_i)|] \\ &\leqslant 2\frac{\beta}{\gamma}\end{aligned} \tag{5-48}$$

根据 McDiarmid 不等式，有

$$
\begin{aligned}
Pr[f(S)-E[S]\geqslant \varepsilon]\leqslant \mathrm{e}^{-2\varepsilon^2/\sum_{i=1}^{m}c_i^2} \\
Pr[f(S)-E[S]\leqslant -\varepsilon]\leqslant \mathrm{e}^{-2\varepsilon^2/\sum_{i=1}^{m}c_i^2}
\end{aligned}
\tag{5-49}
$$

式中，$\exists c_i>0, \forall \varepsilon>0, |f(S)-f(S^i)|\leqslant c_i$，上述不等式均成立。

结合式(5-48)可得

$$
Pr\left[R-\hat{R}>\varepsilon+2\frac{\beta}{\gamma}\right]\leqslant \exp\left(-\frac{2m\varepsilon^2}{(4m\beta/\gamma+1)^2}\right) \tag{5-50}
$$

令 McDiarmid 不等式中的 $c_i=4\dfrac{\beta}{\gamma}+\dfrac{1}{m}$，可得式(5-50)右边的结果。根据 PAC 框架式(5-11)可得

$$
R\leqslant \hat{R}+2\frac{\beta}{\gamma}+\left(4m\frac{\beta}{\gamma}+1\right)\sqrt{\frac{\ln 1/\delta}{2m}} \tag{5-51}
$$

对于分类算法，只要证明相应的稳定性存在，那么相应的泛化上界自然得证。

证明 AAE 的稳定性可以通过学习算法的稳定性推导其明确的泛化界。CCUDA 网络模型在一定程度上可以视为多任务模型，即通过附加额外任务帮助完成主任务，其中除了主任务以外的任务都可视为主任务的正则化项。

CCUDA 网络模型的损失函数为

$$
l_{\text{total}}=l_{\text{cls}}(x,y)+\alpha l_{\text{rec}}(x,\hat{x})+\beta l_{\text{adv}} \tag{5-52}
$$

式中，α 和 β 为权重系数。

CCUDA 网络模型主要分为三项损失，第一项是分类损失，第二项是重构损失，第三项是对抗损失，也分别对应着网络模型结构中的分类器、重构网络和判别器。分类为主要任务，重构损失可以视为主任务的正则化项[27]。

AE 是通过隐藏空间进行重构的算法，即理想的 AE 能够从隐藏编码重构出 x，假设有

$$
\hat{x}=f_{\text{de}}(wx+b) \tag{5-53}
$$

式中：$\dot{x}\subset X$；$b<\varepsilon$；$\dot{x}$ 是数据集的子集。

假设 x 可以通过数据集的子集 $\dot{x}$ 得出[28]。首先，假设损失函数 l_{rec} 是 σ-容许函数，即满足：

$$|l_{\text{rec}}(y,h(x))-l_{\text{rec}}(y,h'(x))|\leqslant\sigma|h(x)-h'(x)| \tag{5-54}$$

式中，$h'\in H$，$\sigma>0$。

其次，假设损失函数 l_{rec} 是强凸函数，即满足：

$$(\nabla l_{\text{rec}}(y,h(x))-\nabla l_{\text{rec}}(y,h'(x)))^T(h(x)-h'(x))\geqslant c\,\|h(x)-h'(x)\|^2 \tag{5-55}$$

式中，$c>0$。

根据上述假设，推断出监督 AE 具有 β-一致稳定性，即

$$|l_{\text{cls}}(h_{s^i})-l_{\text{cls}}(h_s)|\leqslant\beta \tag{5-56}$$

在此基础上，将对抗损失和重构损失共同视为一个正则化项，以符合相应假设条件。则 CCUDA 网络模型的 l_{adv} 损失函数为

$$l_{\text{adv}}(x)=\log(1+\exp(-y\hat{y})) \tag{5-57}$$

得出 l_{adv} 是 1/4e-强凸函数，有

$$\frac{\nabla^2 l(h(x),.)}{\nabla^2 h(x)}=\frac{\mathrm{e}^{yh(x)}}{(\mathrm{e}^{yh(x)}+1)^2}\geqslant\frac{1}{4\mathrm{e}} \tag{5-58}$$

假设 l_{adv} 和 l_{rec} 共同具有凸函数和 σ-容许函数的性质，则 CCUDA 网络模型具有 β-一致稳定性，即

$$|l_{\text{cls}}(h_{s^i})-l_{\text{cls}}(h_s)|\leqslant\beta \tag{5-59}$$

基于式(5-41)，可以得出 CCUDA 网络模型的泛化界为

$$R\leqslant\hat{R}+2\frac{\beta}{\gamma}+\left(4m\frac{\beta}{\gamma}+1\right)\sqrt{\frac{\ln 1/\delta}{2m}} \tag{5-60}$$

式中，$\forall\gamma>0$，$m\geqslant1$，$\delta\in(0,1)$。

5.7.3 CCUDA 网络模型的领域自适应泛化上界

在 5.7.2 节的基础上，令 $h^*=\arg\min_{h\in H}(R_S(h)+R_T(h))$，$\lambda_S$，$\lambda_T$ 分别为 h^* 在 S，T 的误差，有

$$R_T(h)\leqslant\lambda_T+\lambda_S+R_S(h)+d_H(\tilde{D}_S,\tilde{D}_T)\leqslant\lambda+R_S(h)+d_H(\tilde{D}_S,\tilde{D}_T) \tag{5-61}$$

结合式(5-60),可得最终的领域自适应的泛化上界为

$$R_T(h) \leqslant \hat{R}_S(h) + 2\frac{\beta}{\gamma} + \left(4m\frac{\beta}{\gamma}+1\right)\sqrt{\frac{\ln 1/\delta}{2m}} + d_H(S,T) + \lambda \tag{5-62}$$

式(5-62)中,等式右侧第一项由式(5-51)确定界,第二项是源域与目标域之间的分布距离,CCUDA 网络模型使用对抗的方式在隐藏编码空间内进行最小化,并采用了 f 散度。通常 GAN 采用 JS-散度最小化分布差异,有

$$D_{\mathrm{JS}}(P \parallel Q) = \frac{1}{2}D_{\mathrm{KL}}\left(P \parallel \frac{1}{2}(P+Q)\right) + \frac{1}{2}D_{\mathrm{KL}}\left(Q \parallel \frac{1}{2}(P+Q)\right) \tag{5-63}$$

式中,D_{KL} 表示 Kullback-Leibler 散度(KL 散度)。通过降低 KL 散度距离从而实现 $d_H(S,T)$ 的最小化。对抗学习实际采用了 f 散度,即

$$D_f(P \parallel Q) = \int f\left(\frac{\mathrm{d}P}{\mathrm{d}Q}\right)\mathrm{d}Q = \int_X q(\mu) f\left(\frac{p(\mu)}{q\mu}\right)\mathrm{d}\mu \tag{5-64}$$

式中,p 和 q 分别为 P 和 Q 分布的概率密度函数。

通过在对抗学习中最小化,有

$$D_f(p,q) = \sup_{T:Z\to \mathrm{dom}(f^*)} E_{z\sim p}\left[f^*(T(z))\right] \tag{5-65}$$

式中,$f^*(\cdot)$ 为凸交函数,且与 f 为对偶形式,$T(z)$ 可以通过对抗学习的 sigmoid 输出从而参数化。

式(5-62)的最后一项联合误差 λ 则可通过三角不等式确定其界,即

$$\begin{aligned}\lambda &= \min_{h\in H}\lambda_S(h,f_S) + \lambda_T(h,f_T)\\ &\leqslant \min_{h\in H}\lambda_S(h,f_L) + \lambda_S(f_S,f_L) + \lambda_T(h,f_L) + \lambda_T(f_T,f_L)\\ &\leqslant \min_{h\in H}\lambda_S(h,f_L) + \lambda_T(h_S,f_L) + 2\beta\end{aligned} \tag{5-66}$$

式中,f_L 为无重构的分类函数;f_S 和 f_T 分别为源域和目标域的分类函数。经过式(5-60)、式(5-65)和式(5-66)的证明,式(5-64)得以确定其界,即 CCUDA 网络模型具有明确的领域自适应泛化上界。

5.8 实验结果与分析

算法 5-3 给出了基于类意识领域自适应的水下声呐图像无监督分类方法的具体过程。

算法 5-3 基于类意识领域自适应的水下声呐图像无监督分类方法。

输入：模型 $M_T=\{\mathrm{En}_T,\mathrm{De}_T,\mathrm{Dis1}_T,\mathrm{Dis2}_T,\mathrm{Cls}_T\}$，$M_S=\{\mathrm{En}_S,\mathrm{De}_S,\mathrm{Dis1}_S,\mathrm{Cls}_S\}$，输入生成数据 $Z_S=(X_S,Y_S)$，原生数据 X_T；

输出：预测标签 $\hat{y}_T$；

过程：

① for 训练迭代次数 do

② 训练 $M_S(X_S,Y_S)$；

③ end for

④ 更新 M_S 参数，并将全部参数作为 M_T 的初始化值；

⑤ 冻结 De_T；

⑥ for 训练迭代次数 do

⑦ 训练 $M_T(X_T)$；

⑧ 更新 En_T，$\mathrm{Dis1}_T$，$\mathrm{Dis2}_T$，Cls_T 参数；

⑨ end for

⑩ for 训练迭代次数 do

⑪ 预测 $\hat{Y}_T=M_T(X_T)$；

⑫ end for

为了验证基于类意识领域自适应的水下声呐图像无监督分类方法的有效性，图 5-13 所示为基于类意识领域自适应的无监督分类结果的混淆矩阵图。表 5-14 给出了基于类意识领域自适应的无监督分类方法、基于残差网络迁移学习无监督分类方法、基于 DeepCluster 的无监督分类方法的正确率比较。

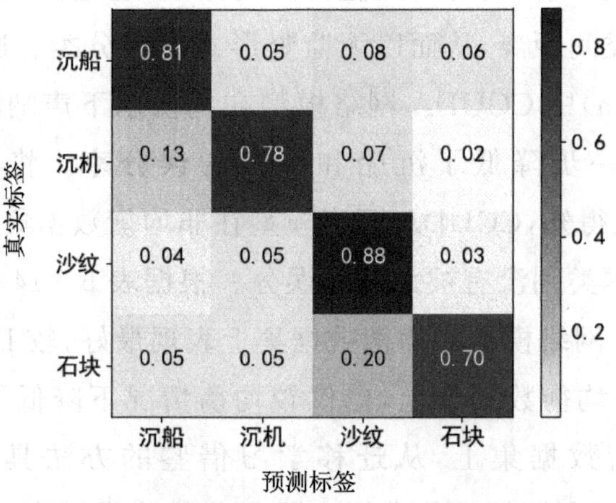

(a) 水下声呐图像原生均衡数据集上的混淆矩阵图

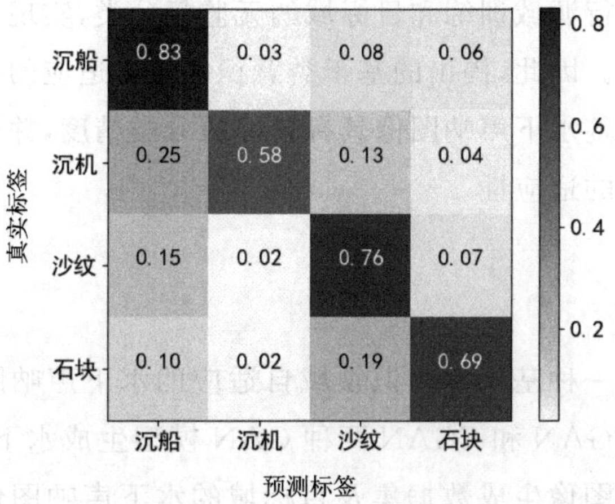

(b) 水下声呐图像原生非均衡数据集上的混淆矩阵图

图 5-13　基于类意识领域自适应的无监督分类结果的混淆矩阵图

表 5-14　分类正确率对比

%

模型＼数据集	均衡数据集	非均衡数据集
基于残差网络的迁移学习	67.95	68.04
DeepCluster	75.91	65.29
CCUDA 网络模型	79.06	74.46

基于类意识领域自适应的无监督分类方法，通过将类别信息嵌入到解码器，同时增加类间距离，从而以无监督形式完成分类。通过分析图 5－9 可得，在图 5－9(a)中 CCUDA 网络模型在均衡水下声呐图像数据集上分类精度较高，进一步降低了沉船和飞机的误分率。将图 5－13(a)与图 5－13(b)对比得知，CCUDA 网络模型在非均衡数据集上表现出了一定的对抗性，小样本类别没有被大量地误分。根据表 5－14 所列的分类正确率对比，CCUDA 网络模型在均衡数据集上表现最好，较 DeepCluster 大约提升了 3%，在非均衡数据集上，也仅较均衡情况下降低了 4.5%，显示出了在处理非均衡数据集上，从迁移学习借鉴的方法具有良好的表现。CCUDA 网络模型利用标签信息提高了无监督分类精度，通过水下声呐图像生成数据集进行源域训练和目标域的无监督分类，实现了在非均衡数据集上的良好表现。因此，提出的基于类意识领域自适应的水下声呐图像无监督方法对无标签水下声呐图像具有较好的分类精度，并且在非均衡数据集上仍具有一定的适应性。

本章小结

本章提出了一种基于类意识领域自适应的水下声呐图像无监督分类方法，即利用 DCGAN 和 CGAN 两种 GAN 模型生成水下声呐图像，构建源域的水下声呐图像生成数据集及目标域的水下声呐图像原生均衡数据集和水下声呐图像原生非均衡数据集；提出的 CCUDA 网络模型，利用基于 AAE 的改进方法构建源域，并进行语义分割，同时利用伪标签技术将源域的部分数据变为有标签数据进行有监督训练，并将训练后的源域知识迁移至目标域；利用基于改进的 AAE 进行类别信息嵌入和基于对抗学习的域间分布对齐，使得目标域模型具有类意识，在此基础上完成目标域上的水下声呐图像的无监督分类。通过合理假定、分析和推理，结合已有的泛化理论，并通过稳定性与泛化的关系，证明提出构建的 CCUDA 网络模型具有明确泛化上界。结合领域自适应的泛化界证明，推导出 CCUDA 网络模型的领域自适应泛化上界。通过对目标域的水下声呐图像原生均衡和非均衡数据集的实验结果分析，验证了所提出的基于类意识领域自适应的水下声呐图像无监督分类方法无论在均衡还是非均衡数据集上，都能保证水下声呐图像无监督分类的正确率。

参考文献

[1]Sun Q R, Liu Y Y, Chua T S, et al. Meta-transfer learning for few-shot learning[C]// Proceedings of the IEEE/CVF Conference on Computer Vision and Pattern Recognition (CVPR). Long Beach: IEEE, 2019:403-412.

[2] Dai W Y, Yang Q, Xue G R, et al. Boosting for transfer learning [C]// Proceedings of the 24th International Conference on Machine Learning. New York:IEEE, 2007: 193-200.

[3] Hou C A, Tsai Y H H, Yeh Y R, et al. Unsupervised domain adaptation with label and structural consistency[J]. IEEE Transactions on Image Processing, 2016, 25(12): 5552-5562.

[4] Ganin Y, Ustinova E, Ajakan H, et al. Domain-adversarial training of neural networks[J]. The Journal of Machine Learning Research, 2016, 17(1): 2096-2030.

[5] Zhang J, Li W, Ogunbona P. Joint geometrical and statistical alignment for visual domain adaptation[C]// Proceedings of the IEEE Conference on Computer Vision and Pattern Recognition. Hawaii: IEEE, 2017: 1859-1867.

[6] Tahmoresnezhad J, Hashemi S. Visual domain adaptation via transfer feature learning[J]. Knowledge and Information Systems, 2017, 50(2): 585-605.

[7] Tzeng E, Hoffman J, Saenko K, et al. Adversarial discriminative domain adaptation[C]// Proceedings of the IEEE Conference on Computer Vision and Pattern Recognition. Hawaii: IEEE, 2017: 7167-7176.

[8] Hoffman J, Tzeng E, Park T, et al. CyCADA: Cycle-consistent ad-

versarial domain adaptation[C]// Proceedings of the 35th International Conference on Machine Learning. Stockholm: IEEE, 2018: 1989-1998.

[9] Ma X H, Zhang T Z, Xu C S. GCAN: graph convolutional adversarial network for unsupervised domain adaptation[C]// Proceedings of the IEEE Conference on Computer Vision and Pattern Recognition. Long Beach:IEEE, 2019: 8266-8276.

[10] Gong B Q, Shi Y, Sha F, et al. Geodesic flow kernel for unsupervised domain adaptation[C]// IEEE Conference on Computer Vision and Pattern Recognition. IEEE Computer Society, 2012: 2066-2073.

[11] Fernando B, Habrard A, Sebban M, et al. Unsupervised visual domain adaptation using subspace alignment[C]// Proceedings of the IEEE International Conference on Computer Vision. Sydney:IEEE, 2013: 2960-2967.

[12] Long M S, Wang J M, Ding G G, et al. Transfer feature learning with joint distribution adaptation[C]// IEEE International Conference on Computer Vision (ICCV). Sydney:IEEE, 2013:2200-2207.

[13] Long M S, Cao Y, Wang J M, et al. Learning transferable features with deep adaptation networks[C]// Proceedings of the 32th International Conference on Machine Learning. Lille: IEEE, 2015: 97-105.

[14] Wang J D, Chen Y Q, Hao S J, et al. Balanced distribution adaptation for transfer learning[C]// IEEE International Conference on Data Mining (ICDMW). New Orleans:IEEE, 2017: 1129-1134.

[15] Hu J L, Lu J W, Tan Y P. Deep transfer metric learning[C]// IEEE Conference on Computer Vision and Pattern Recognition (CVPR). Boston:IEEE, 2015: 325-333.

[16] Busto P P, Gall J. Open set domain adaptation[C]// IEEE Interna-

tional Conference on Computer Vision（ICCV）. Venice：IEEE，2017：754-763.

[17] He K M，Zhang X Y，Ren S Q，et al. Deep residual learning for image recognition [C]// 2016 IEEE Conference on Computer Vision and Pattern Recognition (CVPR). Seattle:IEEE，2016：770-778.

[18] Yosinski J，Clune J，Bengio Y，et al. How transferable are features in deep neural networks[C]// 28th Conference on Neural Information Processing Systems（NIPS）. Montreal：IEEE，2014：3320-3328.

[19] Salmon B P，Kleynhans W，Schwegmann C P，et al. Proper comparison among methods using a confusion matrix[C]// 2015 IEEE International Geoscience and Remote Sensing Symposium (IGARSS). Milan:IEEE，2015:3057-3060.

[20] Caron M，Bojanowski P，Joulin A，et al. Deep clustering for unsupervised learning of visual features[C]// Proceedings of the European Conference on Computer Vision. 2018：132-149.

[21] Creswell A，Bharath A A. Denoising adversarial autoencoders[J]. IEEE Transactions on Neural Networks and Learning Systems，2018，30(4):968-984.

[22] Wang X M，Sun B X，Dong H B. Domain-invariant adversarial learning with conditional distribution alignment for unsupervised domain adaptation[J]. IET Computer Vision，2020，14(8):642-649.

[23] Gatys L A，Ecker A S，Bethge M. Image style transfer using convolutional neural networks[C]// Proceedings of the IEEE Conference on Computer Vision and Pattern Recognition (CVPR). Las Vegas:IEEE，2016：2414-2423

[24] Jing Y C，Yang Y Z，Feng Z L，et al. Neural style transfer：A review[J]. IEEE Transactions on Visualization and Computer Graphics，2019，26(11):3365 - 3385.

[25] 孙健,申瑞民,韩鹏. 一种新颖的径向基函(RBF)网络学习算法[J]. 计算机学报，2003，26(17):1562 - 1567.

[26] Bousquet O, Elisseef A. Stability and generalization[J]. Journal of Machine Learning Research，2002，2：499-526.

[27] Liu T，Tao D C，Song M L，et al. Algorithm-dependent generalization bounds for multi-task learning[J]. IEEE Transactions on Pattern Analysis and Machine Intelligence，2016，39(2)：227-241.

[28] Lei L，Patterson A，White M. Supervised autoencoders：improving generalization performance with unsupervised regularizers [C]// Advances in Neural Information Processing Systems. Montreal，Canada，2018：107-117.